高等院校计算机任务驱动教改教材

C语言程序设计

雷 靖 宋家庆 编著

清華大学出版社
北 京

内容简介

C语言是国内外广泛推广使用的程序设计语言，既可用于开发系统软件，也可用于开发应用软件。本书内容经过精心组织，体系合理，内容组织形式由浅入深，具有典型性、实用性、易操作性等特点。本书全面介绍了C语言程序设计的相关概念和程序设计方法，设计了典型例题、实验和练习。全书共用11章来介绍C语言程序设计的方法，具体内容包括：第1章对C语言的起源等知识进行了介绍，第2章介绍了C程序设计的相关概念，第3～5章分别对C程序的顺序结构、选择结构、循环结构三种结构的特点和使用方法进行了介绍，第6～10章依次介绍了数组、函数、指针、结构体、共用体和枚举、文件这几种数据类型的相关概念和使用方法，第11章介绍了底层程序设计的六种位运算。每一章设计了相关例题、实验、简答题、编程题，并通过二维码给出了编程源代码和练习答案。

本书既可以作为本科学生的教材，又可以作为职业院校学生的教材，还可以作为计算机等级考试以及其他计算机编程人员的参考用书。

图书在版编目(CIP)数据

C语言程序设计/雷靖，宋家庆编著. —北京：清华大学出版社，2022.11
高等院校计算机任务驱动教改教材
ISBN 978-7-302-61747-1

Ⅰ.①C… Ⅱ.①雷… ②宋… Ⅲ.①C语言－程序设计－高等学校－教材 Ⅳ.①TP312.8

中国版本图书馆CIP数据核字(2022)第161408号

责任编辑：张龙卿
封面设计：范春燕
责任校对：袁 芳
责任印制：宋 林

出版发行：清华大学出版社
网 址：http://www.tup.com.cn，http://www.wqbook.com
地 址：北京清华大学学研大厦A座 **邮 编**：100084
社 总 机：010-83470000 **邮 购**：010-62786544
投稿与读者服务：010-62776969，c-service@tup.tsinghua.edu.cn
质量反馈：010-62772015，zhiliang@tup.tsinghua.edu.cn
课件下载：http://www.tup.com.cn，010-83470410
印 装 者：三河市少明印务有限公司
经 销：全国新华书店
开 本：185mm×260mm **印 张**：11.25 **字 数**：273千字
版 次：2022年11月第1版 **印 次**：2022年11月第1次印刷
定 价：39.80元

产品编号：093008-01

前　言

在计算机发展的历史上，没有哪一种程序设计语言像C语言这样应用如此广泛。C语言既具有高级语言的特点，又具有汇编语言的特点。它既可以作为工作系统设计语言，编写系统应用程序；又可以作为应用程序设计语言，编写不依赖计算机硬件的应用程序。它的应用范围广泛，具备很强的数据处理能力，不仅仅是在软件开发上，而且各类科研都需要用到C语言，适合编写系统软件，以及三维、二维图形、动画、单片机、嵌入式系统开发等工程应用。

C语言从UNIX的兴起一直到现在，在业内历经几十年而从未衰落过。而且C语言是很多主流开发语言的母体，.NET的底层、Java的底层都是用C语言开发的。虽然很多新语言来势汹汹，但究其根源，都脱离不开C语言，可见，它是最稳固的语言。C语言的应用领域几乎无处不在：服务器、嵌入式、物联网、移动互联网、信息安全、游戏等。随着大数据、云计算、人工智能、信息安全乃至量子计算与量子编程等相关科学的发展，C语言及其编程技术将会被推广到更加广泛、深远的研究领域。本书具有以下特点。

1. 具有广泛的参考价值

C语言是国内外广泛推广使用的结构化程序设计语言，它功能丰富、表达能力强、使用方便灵活、应用面广、目标程序效率高、可移植性好，既有高级语言的优点，又有低级语言的许多特点；既可用于开发系统软件，又可用于开发应用软件，在教学和实际研发中都得到了广泛应用。国内外所有高等院校都以不同的课程性质开设C语言程序设计这门课。同时，C语言也是国内考研专业课、全国计算机等级考试(二级)的考试科目之一。可见，本书既可以作为一门计算机相关专业的专业基础课教材，又可以作为报考研究生、计算机等级考试者以及其他计算机编程人员的参考资料使用。

2. 全面反映新工科、应用型本科教学理念

本书一方面遵循理工科课程以“学科体系”为线索的指导思想，在教材内容的知识结构上以概念、理论为主线进行编写；另一方面紧密结合“培养学生实践能力为中心”的培养目标，为了突出技术的综合应用能力培养，加强实践操作和技能训练，本书在各章都配备了相关的例题、实验设计和练习，循序渐进地培养学生从扎实掌握基本知识扩展到学会实际问题的定位、解析并直到解决问题的能力上。

3. 作为新时代信息化教学教材，体现教学资源共建共享

融入了“互联网＋”的特点，每章实验和练习以二维码的形式提供源代码和答案，读者通过扫描二维码即可阅读、使用丰富的配套资源，既结合了新时代、新工具的特点，提高了互联网时代读者阅读教材的兴趣，又有助于教师潜移默化地贯彻创新性的教学改革思维。在为读者提供“纸质版教材＋数字化资源”的沉浸式体验的同时，又全面体现了新时代信息化教学改革的特色。

4. 编写内容、形式适合本科教学特点

本书内容经过精心组织，体系合理、结构严谨，全面介绍了C语言程序设计的基本思想、方法和解决实际问题的技巧，每章设计了例题、实验、练习，均提供了源代码。教材内容的组织形式由浅入深、循序渐进，以便于学生学习并有利于提高学生的程序设计的能力。同时，本书内容丰富，注重实践，帮助学生在理解和掌握基本知识的基础上，提高学生的逻辑分析、抽象思维和程序设计的能力，培养学生用计算机编程解决实际问题的能力。

本书由泰山学院雷靖和宋家庆编著。本书能顺利完成编写，参考了大量书籍和网络资源，谨向帮助该书出版的所有同事、朋友、同仁表示真挚的感谢。

由于编著者水平有限，本书难免有疏漏之处，敬请读者批评、斧正。

编著者

2022年6月

目　录

第 1 章　C 语言介绍

本章学习要点：

（1）C 程序文件的组成。

（2）编写及运行 C 程序。

（3）C 程序的书写规范和编程风格。

1.1　C 语言概述

1.1.1　C 语言的起源和 C 语言标准

C 语言是 20 世纪 70 年代初在贝尔实验室为了编写操作系统及其他系统软件而产生的一种具有自身基础理论体系的编程语言。

由于 C 语言具有的一个非常重要的优点是可移植性，因而得到了广泛流行和持续发展。C 语言的快速发展使不同的版本相继出现，这些版本互不兼容，因此 C 语言的标准亟待建立。1983 年，美国国家标准协会（American National Standards Institute，ANSI）制定 C 语言标准。1989 年 12 月，ANSI 批准了第一个 C 语言标准。1990 年，该标准被国际标准化组织（International Standard Organization，ISO）批准，这一版本的 C 语言标准被称为 C89 或 C90 标准。1999 年，C 语言标准委员会将 C++/Java 语言的一些特性加到 C 语言中，以此提高 C 语言的性能，产生了 C 语言的 1999 标准，也称 C99 标准。

1.1.2　C 语言的优缺点

C 语言具有以下主要特点。

- C 语言是一种小型语言。C 语言提供了一套有限的特性集合，为了使特性较少，C 语言不直接提供输入和输出语句、有关文件操作的语句和动态内存管理的语句等操作，而是由编译系统所提供的库函数来实现的。
- C 语言是一种包容性语言。C 语言语法限制不太严格，不像其他语言一样强制进行详细的错误检查，因此程序设计自由度较大，但对程序员的要求也更高。
- C 语言是一种底层语言。C 语言提供机器级概念的访问，能实现汇编语言的大部分功能，可以直接对硬件进行操作，可用来编写系统软件。因此，C 语言既是通用的程序设计语言，又是成功的系统描述语言。

1. C 语言的优点

- 高效。C 语言的产生是为了编写系统程序,其优点是能够生产高质量的目标代码,使其在有限的内存空间中快速运行,因而 C 语言程序的执行效率高。
- 可移植。C 语言编译器规模小、容易编写,因而容易移植到新系统中,几乎在所有计算机系统中都可以使用 C 语言。
- 功能强大。C 语言拥有丰富的运算符和数据类型,从而使 C 语言具有丰富的运算类型、多样化的表达式类型,能够实现各种复杂的数据结构运算。
- 灵活。C 语言的特点使其编程轻松、自由,使用上的限制非常少。例如,可以使用 C 语言编写从嵌入式系统到各种应用程序;C 语言允许字符与整数或浮点数相加。
- 标准库。C 语言的一个突出优点就是它具有标准库,该标准库包含了数百个可以用于输入/输出、字符串处理、存储分配以及其他实用操作的函数。
- 结构化。C 语言具有结构化的控制语句,例如,if-else 和 switch 选择语句,while、do-while 及 for 循环语句。C 语言用函数作为程序的模块单位,得以实现程序的模块化和结构化。

2. C 语言的缺点

和它的许多优点一样,C 语言的缺点源于它与机器的紧密结合性。

- C 程序更容易隐藏错误。C 语言的特点使用 C 语言编程的出错概率较高,包含很多觉察不到的隐患。例如,一个额外的分号可能会导致无限循环,遗漏一个地址号(&)可能会引发程序崩溃。
- C 程序可能会难以理解。C 程序简要、灵活的特点会使程序员编写的程序让其他程序员读不懂。C 语言有许多其他通用语言没有的特性,且这些特性可以以多种方式结合使用,其中的一些结合方式则会使其他程序员不理解。
- C 程序可能会难以修改。现代编程语言往往提供了“类”“包”之类的结构,使大的程序可以分解成很多模块进行管理。但如果用 C 语言编写大规模的程序则将会使程序难以阅读、修改和管理。

1.1.3 如何使用 C 语言

C 语言既有优点又有缺点,那么,在使用时需要有效利用 C 语言的优点并尽量避免它的缺点。使用 C 语言时可注意以下几点。

- 规避 C 语言的缺点。现在没有一个编译器可以检查出编程语言的所有缺陷。程序员需要通过阅读参考书籍和文献,并不断积累经验等,才能掌握 C 语言的特点,避免其缺陷。
- 使程序更可靠。C 程序员可以通过使用软件、调试工具等方式对程序进行广泛的错误检查、分析和纠错。
- 利用现有的代码库。函数的集合经常被打包成库,使用这些库既可极大地减少错误,又可节省大量的编程时间。这些库有公用、开源、以商品销售等形式。

- 具有编程规范。程序员应当从一开始就遵守并坚持使用符合 C 语言程序准则的、规范化的编程风格，编码规范可以使程序统一，且易于阅读、修改和维护。
- 避免极度复杂和无节制简洁。极其复杂的编程和没有节制的简略都会导致编写的程序难以理解，因而我们提倡简洁但易于理解的编程风格。
- 符合标准。为了提高程序的可移植性，尽量避免使用不符合标准的库函数、特性等。

1.2　C 程序文件

一个 C 程序的结构如图 1-1 所示，它可以由一个或多个源程序文件（简称源文件）组成，通常还有一些头文件（header file）。源文件由预处理指令、数据、函数的声明以及函数组成；函数由函数首部和函数体构成；函数体由数据声明和执行语句构成。

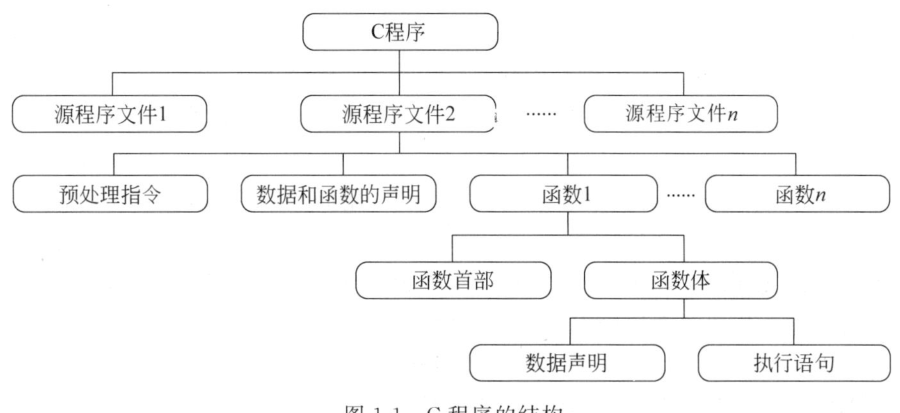

图 1-1　C 程序的结构

1.2.1　源文件

源文件包含预处理指令（如 ＃include、＃define 等）、变量声明、函数等，源文件的扩展名为 c.。一个函数包括函数首部和函数体，函数体包含声明部分和执行部分，声明部分是对有关数据的声明，执行部分是由语句组成的。一个 C 语句经过编译后产生若干条机器指令，可以向计算机系统发出操作指令。多个源文件中必须有一个源文件包含一个名为 main 的主函数，主函数是程序的起始点。

一个 C 程序可以由多个源文件组成，把程序分成多个源文件的优点如下。

- 把相关的函数和变量分组放在同一个文件中，可以使程序的结构清晰。
- 可以分别对每一个源文件进行编译。如果程序规模很大而且需要频繁改变，分成多个源文件的方法可以极大地节约程序运行时间。
- 把函数分组放在不同的源文件中利于再次使用。

1.2.2 头文件

头文件包含了源文件之间共享的信息，如符号常量定义、类型定义、函数原型、变量声明等，头文件的扩展名为.h。这些信息通过预处理指令＃include实现了共享。预处理指令＃include指示预处理器打开指定的头文件，并且把此文件的内容插入当前源文件中，这样几个源文件就可以访问相同的信息。也就是说，共享的信息放在一个头文件中，然后在每个源文件中用“＃ include ＜共享头文件＞”指令就可以把该头文件的内容插入源文件恰当的位置中。源文件指程序员编写的全部文件，包括.c文件和.h文件。本书中的“源文件”通常仅指.c文件。

1.2.3 把程序划分成多个文件

现在应用我们已经知道的关于头文件和源文件的知识来开发一种把一个程序划分成多个文件的简单方法。这里将集中讨论函数，但是同样的规则也适用于外部变量。假设已经设计好程序，换句话说，已经决定程序需要什么函数以及如何把函数分为逻辑相关的组。下面是处理的方法。

- 把每个函数集合放入一个不同的源文件中（比如用名字 foo.c 来表示一个这样的文件）。
- 创建和源文件同名的头文件，只是扩展名为.h（在此例中，头文件是 foo.h）。
- 在头文件中放置源文件中定义的函数原型。
- 每个需要调用定义在源文件中的函数的源文件都应包含头文件。
- 源文件也应包含头文件，这是为了编译器可以检查头文件中的函数原型是否与源文件中的函数定义相一致。
- main 函数将出现在另一个源文件中。main 函数所在的文件中也可以有其他函数，前提是程序中的其他文件不会调用这些函数。

1.3 运行C程序

1.3.1 C程序的运行步骤

运行一个C语言程序包含以下几个步骤。

(1) 编辑。在计算机通过编辑器创建一个后缀为 .c 的C语言源程序。

(2) 预处理。源程序被送交给预处理器(preprocessor)，预处理器执行以＃开头的指令。预处理器是一个小软件，它可以在编译前处理C程序，可以给程序添加内容及进行修改。预处理器的行为由＃字符开头的预处理指令控制，如＃define、＃include。

(3) 编译。经过预处理后的程序进入编译器(compiler)，编译器把程序翻译成机器能够识别的目标代码，生成后缀为.obj的目标文件。然而，这时的目标文件还不可以运行。

(4) 连接。连接器(linker)把由编译器产生的目标代码和其他所需要的附加代码整合在一起,这样才最终产生了后缀为.exe的可执行文件。这些附加代码包括程序中用到的库函数(如printf函数)。

(5) 运行。C程序经过编辑、预处理、编译、连接几个自动完成的步骤后即可运行,并输出运行结果。

根据编译器和操作系统的不同,编译和连接所需的命令是多种多样的,生成的文件后缀也不同。

1.3.2 集成开发环境

C程序可以通过在操作系统提供的窗口中输入命令的方式来调用命令行编译器,也可以使用集成开发环境(integrated development environment, IDE)进行编译。集成开发环境是一个应用程序,用户可以在其中编辑、编译、连接、执行、调试程序,组成集成开发环境的各个部分可以协调工作。集成开发环境有很多种,这里不作一一介绍。下面给出在Visual C++ 6.0集成环境下的上机操作方法。

(1) 安装Visual C++ 6.0。在Visual Studio光盘运行安装文件setup.exe,按提示一步步进行操作即可安装成功。

(2) 启动Visual C++ 6.0。从桌面上选择"开始"→"程序"→Microsoft Visual Studio→Visual C++ 6.0命令,显示程序主界面。

(3) 建立项目(可选)。在主界面选择File→New→Projects→Win32 Console Application命令,在Project name中输入对该项目的命名,右侧中间的单选按钮默认选定Add to current workspace,单击OK按钮。在弹出的对话框中选择右侧的An empty project单选按钮,单击Finish按钮。

(4) 编辑源程序。在主界面中选择File→New命令,此时出现一个New对话框,选择该对话框左上角的Files选项卡,选择其中的C++ Source File选项(Visual C++ 6.0既可处理C++源程序,也可处理C源程序),然后在对话框右半部分的Location对话框中输入存放该文件的路径和文件夹,在右上方的File对话框中输入该源程序的命名后,单击OK按钮,这样即将进行编辑的源程序的文件名和路径就创建好了。随后,在编辑窗口打开源程序文件,开始编辑源程序代码即可。编辑完毕,单击Save按钮,便在默认路径和文件夹中建立了一个C语言源程序文件。

(5) 编译和连接程序。在主界面菜单栏中选择Build→Compile命令,系统则开始对当前程序进行编译,若在编译过程发现错误,则将在下方窗格中列出所有错误和警告。修改错误并重新编译,直至修改完所有错误为止。选择Build→Build命令,则会在文件夹中生成该源程序的可执行文件,完成编译和连接。

(6) 运行程序。选择Build→Execute命令,即开始运行该源程序的可执行文件,执行完毕,输出结果的窗格将显示运行结果。

1.4 编写程序

1.4.1 程序设计的任务

程序设计是针对要解决的问题进行从确定任务直至得到结果、写出文档的整个过程，一般需经历以下几个工作阶段。

(1) 分析问题。对于要解决的问题进行认真的分析，研究所给定的条件，分析最后应达到的目标，找出解决问题的规律，选择解题的方法，这也被称为建立模型。

(2) 设计算法。设计出解决问题的方法，并将其具体步骤清晰地描述出来。例如，要解一个方程式，需要了解应选择什么方法，以及使用该方法求解方程式的每一个步骤是什么。

(3) 编写程序。根据所设计的算法，用高级编程语言编写源程序。

(4) 运行程序。编译系统对源程序进行编辑、编译、连接，然后运行程序，得到程序的运行结果。

(5) 分析结果。对程序运行结果进行分析，判断结果是否正确、合理。如果不正确或不合理，则对程序进行调试和测试。调试(debug)是发现程序错误和排除程序故障的过程。测试(test)是使用多组数据运行程序，尽最大可能发现程序漏洞，并修改程序以便弥补漏洞，使程序能适用于各种情况。

(6) 编写程序文档。程序文档即为程序说明书或用户文档，是软件的重要组成部分，其内容包括程序名称、程序功能、运行环境、程序的装入和启动、需要输入的数据、使用注意事项等。现在商品软件的程序说明书有的以 readme 文件形式提供，有的在程序的帮助下提供，以便于用户阅读和使用程序。

1.4.2 计算机算法

计算机为了解决某个问题而采用的方法和具体步骤称为计算机算法。计算机算法可分为两大类：数值运算算法和非数值运算算法。数值运算算法是求数值解，如求方程的解、求定积分等。非数值运算算法是除数值运算法以外的解决问题的方法和步骤，如解决图书检索、人事管理、车辆调度等问题的算法。

计算机算法的表示方法有自然语言、流程图、伪代码。

(1) 自然语言就是人们日常使用的语言，可以是汉语、英语或其他语言。用自然语言表示计算机算法就通俗易懂，但文字冗长，容易出现歧义。

(2) 流程图是用一些图形来表示各种不同的操作。流程图法又可分为传统流程图和 N-S 流程图法(即结构化流程图)。传统流程图用流程线指出各框的执行顺序，对流程线的使用没有严格限制，因而会导致传统流程图变得没有规律，难以阅读和修改，使算法的可靠性和可维护性难以保证。N-S 流程图将全部算法写在一个由一些基本的矩形框所组成的一个大的矩形框中，这种流程图适用于结构化程序设计。用流程图表示的算法直观形象、易于理解，但是占用篇幅较多，尤其是算法比较复杂时，用流程图描述算法会既费时又困难。

（3）伪代码是介于自然语言和编程语言之间的文字和符号。用伪代码表示的算法格式紧凑、修改方便、易于阅读，便于向编写程序过渡。

1.4.3 结构化算法或程序

1966 年，Bohra 和 Jacopini 提出了以下 3 种程序的基本结构，可用这 3 种基本结构作为表示一个良好算法或程序的基本单元。

1. 顺序结构

如图 1-2 所示，虚线框内是一个顺序结构。其中 A 和 B 两个框是顺序执行的。即在执行完 A 框所指定的操作后，必然接着执行 B 框所指定的操作。顺序结构是最简单的一种基本结构。

2. 选择结构

选择结构又称选取结构或分支结构，如图 1-3 所示。虚线框内是一个选择结构。此结构中必包含一个判断框。根据给定的条件 c 是否成立来选择执行 A 框或 B 框。例如，条件 c 可以是“x＞＝0”或“x＞y，a＋b＜c＋d”等。

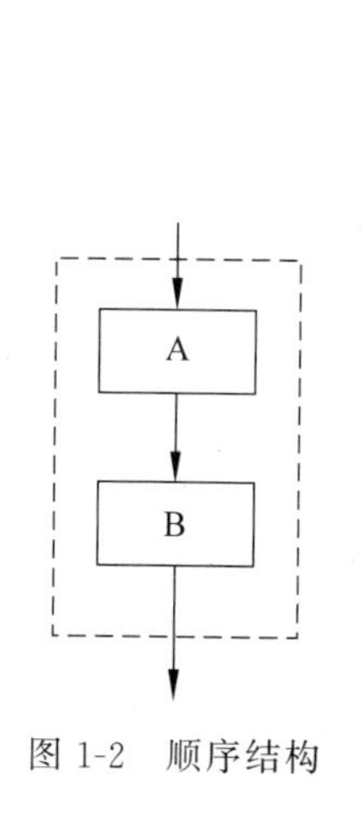

图 1-2 顺序结构

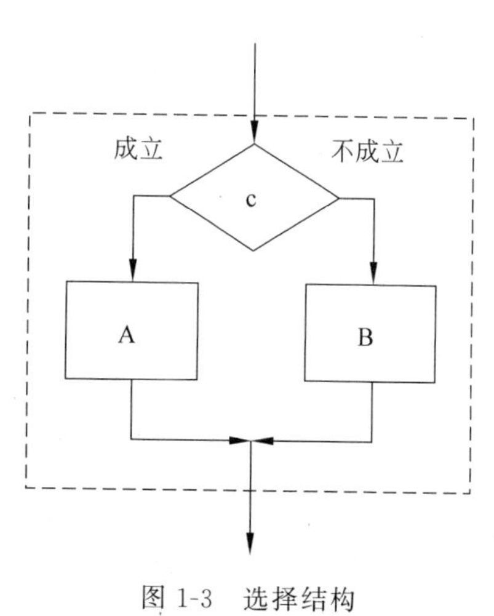

图 1-3 选择结构

3. 循环结构

循环结构又称为重复结构，即反复执行某一部分的操作。有两类循环结构。

（1）当型（while 型）循环结构。while 型循环结构如图 1-4（a）所示。它的作用是当给定的条件 c1 成立时，执行 A 框操作；执行完 A 后，再判断条件 c1 是否成立，如果仍然成立，再执行 A 框；如此反复执行 A 框，直到某一次 c1 条件不成立为止，此时不执行 A 框，而脱离该循环结构。

（2）直到型（until 型）循环结构。until 型循环结构如图 1-4（b）所示。它的作用是先执行 A 框；然后判断给定的 c2 条件是否成立，如果 p2 条件不成立，则再执行 A；接着对 c2 条件作判断，如果 c2 条件仍然不成立，又执行 A；如此反复执行 A，直到给定的 c2 条件成立为止，此时不再执行 A，而脱离该循环结构。

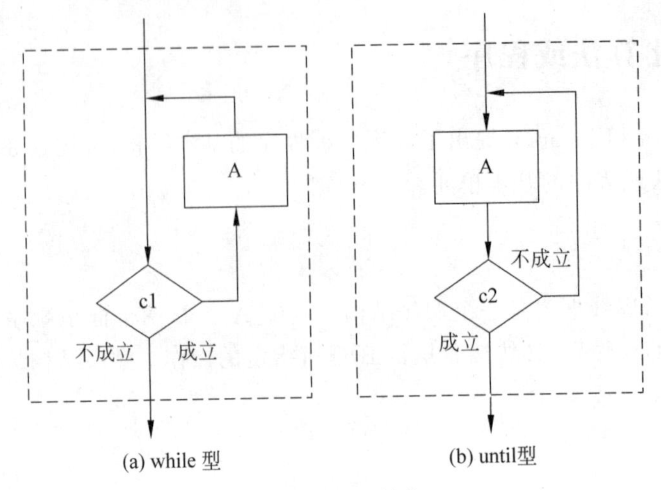

图 1-4　循环结构

以上 3 种基本结构，有以下共同特点。

(1) 只有一个入口。

(2) 只有一个出口。

(3) 结构内的每一部分都有机会被执行到。

(4) 结构内不存在“死循环”(无终止的循环)。

由以上 3 种基本结构构成的算法或程序是结构化的算法或程序，可以解决任何复杂的问题，它不存在无规律的转向，只在本基本结构内才允许存在分支和向前或向后的跳转。

基本结构并不只限于上面 3 种，具有上述 4 个特点的都可以作为基本结构，并可由这些基本结构组成结构化算法或程序。

结构化程序设计是把一个复杂问题的求解过程分阶段进行，每个阶段处理的问题都控制在人们容易理解和处理的范围内。结构化程序设计的基本思想是：强调程序设计风格和算法/程序结构的规范化，提倡清晰的结构。采取以下方法能够得到结构化的程序：自顶向下；逐步细化；模块化设计；结构化编码。结构化程序便于编写、阅读、修改、维护，减少了程序的出错率，提高了程序的可靠性，保证了程序的质量。

例 1-1　写出求解 10!的传统流程图、N-S 图、伪代码三种算法以及 C 程序。

(1) 传统流程图算法如图 1-5 所示。

(2) N-S 图算法如图 1-6 所示。

(3) 伪代码算法。

```
begin
  1 => f
  2 => i
  while i <= 10;
  {
    f * i => f
```

```
    i + 1 => i
  }
  print f
end
```

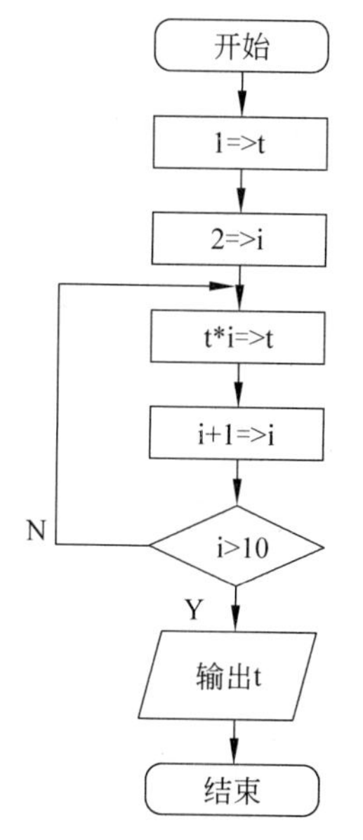

图 1-5　例 1-1 的传统流程图算法

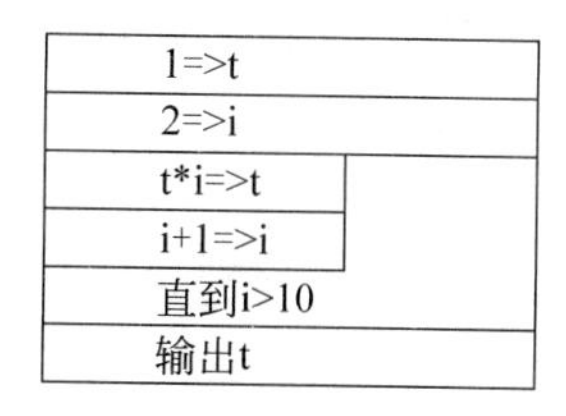

图 1-6　例 1-1 的 N-S 图算法

（4）编写 C 程序(e1-1.c)。

```
#include <stdio.h>
int main ( )
{
  int i, f;
  f=1;
  i=2;
  while (i<=10)
  {
    f = f * i;
    i = i + 1;
  }
  printf ( "%d\n", f);
  return 0;
}
```

运行结果如下：

```
3628800
```

1.5 C程序的书写规范和编程风格

1.5.1 书写规范

C语言允许在记号之间插入任意数量的空格符、换行符，添加空格和空行可以使程序更便于阅读和理解。具体特点说明如下。

- 语句可以分开放在任意多行内。例如，下面的语句如果放在一行太长，可以分成两行。

```
printf ("Dirnensional weight (pounds): %d\n",
(volume+ INCHES_ PER_POUND - 1) I INCHES_PER_POUND);
```

- 记号间的空格使我们更容易区分记号。因此，在每个运算符的前后、每个逗号后边、在圆括号和其他标点符号的两边都可以放个空格，例如：

```
volume = height * length * width;
```

- 缩进有助于轻松识别程序嵌套。例如，为了清晰地表示声明和语句都嵌套某个函数中，应该对它们进行缩进。
- 空行可以把程序划分成逻辑单元，从而使读者更容易辨别程序的结构。

1.5.2 编程风格

良好的编程风格能够提高程序的阅读、调试、测试与维护，促进项目团队的合作与交流，因而我们提倡学习编程的开始就养成良好的编程习惯和编程风格。

(1) 按照C程序的基本结构合理安排各部分的位置。C程序各部分的一般顺序依次为文件信息部分、连接部分、全局声明部分、main函数部分、自定义函数部分。

(2) 标识符的命名便于理解和记忆。用来命名变量、符号常量、函数、数组、类型等的字符称为标识符。C语言规定标识符只能由字母、数字、下画线3种字符组成，且第1个字符不能为数字。

(3) 使用缩进、括号等使程序更便于阅读和维护。

(4) 恰当地加入注释，不仅能增强程序的可读性，而且有助于理解程序的逻辑。

实　　验

1. 实验目的

(1) 学习安装和打开C程序集成环境软件及其基本操作。

(2) 学习如何在C程序集成环境软件上打开、编辑及运行C程序。
(3) 了解C程序是如何编译和连接的。

2. 实验步骤

(1) 打开计算机上的C程序集成环境软件。
(2) 了解C程序集成环境软件的界面和有关菜单的使用方法。
(3) 编写简单的C程序,执行运行操作并调试程序。

3. 实验要求

(1) 正确输入源程序,检查没有错误后运行程序。
(2) 如果运行结果显示有错误,分析错误原因,并修改错误。
(3) 反复检查和分析错误,并不断进行调试,直至程序运行正确为止。

4. 实验内容

(1) 编写一个C程序,在屏幕输出"Hello, C program."。

```
#include <stdio.h>
int main( )
{
  printf ("Hello, C program. \n");
  return 0;
}
```

(2) 输入下面的C程序,了解含有内部函数的C程序。

```
#include <stdio.h>
int main( )
{
  int min(int x,int y);
  int a, b, c;
  printf("input a, b: ");
  scanf("%d,%d", &a,&b);
  c=min(a, b);
  printf ("min=%d\n", c);
  return 0;
}
int min(int x,int y)
{
  int z;
  if (x<y) z=x;
  else z=y;
  return (z);
}
```

(3) 分别用传统流程图、N-S图、伪代码三种方法表示本题的算法:求出1～500的素数。

(4) 在屏幕上显示以下内容。

本实验答案

```
***************************

       Let's study C!

***************************
```

练　　习

1. 简答题

(1) C 程序的源文件、头文件、主函数分别指什么?

(2) C 程序的运行步骤有哪些?

(3) 算法有哪几种表示方法?

(4) 结构化算法或程序的基本结构有哪些?

(5) 什么是结构化程序设计? 设计结构化程序的方法是什么?

2. 编程题

(1) 分别用传统流程图、N-S 图、伪代码三种方法表示下列问题编程的算法。

① 输入 10 个数,求出其中最大的数并在屏幕上输出。

② 按从大到小的顺序把 3 个数排序并输出。

③ 求 1+2+3+…+10。

(2) 求两个整数的和,并将结果在屏幕上显示出来。

(3) 用公式 $c=5/9*(f-32)$求出一个华氏温度 f 的摄氏温度 c,在屏幕上显示结果。

(4) 在屏幕上显示以下内容。

本练习答案

```
#############################

        I like Beijing!

        &&&&&&&&&&&&&&&&&
```

第2章　C语言基本概念

本章学习要点：

(1) C语言的数据类型。

(2) 常量、变量、标识符的基本概念。

(3) C语言的运算符号、表达式及语句类型。

2.1　数据类型

数据类型决定了计算机对数据分配存储单元的安排，包括存储单元的长度(占多少字节)以及数据的存储形式，不同的数据类型分配不同的长度和存储形式。

如图2-1所示，C语言允许使用的数据类型包括基本数据类型和组合数据类型。基本数据类型包括整数类型和浮点类型；组合数据类型有指针、数组、结构体、共用体、枚举和函数类型，其中，函数类型包括函数返回值的数据类型和参数的类型。

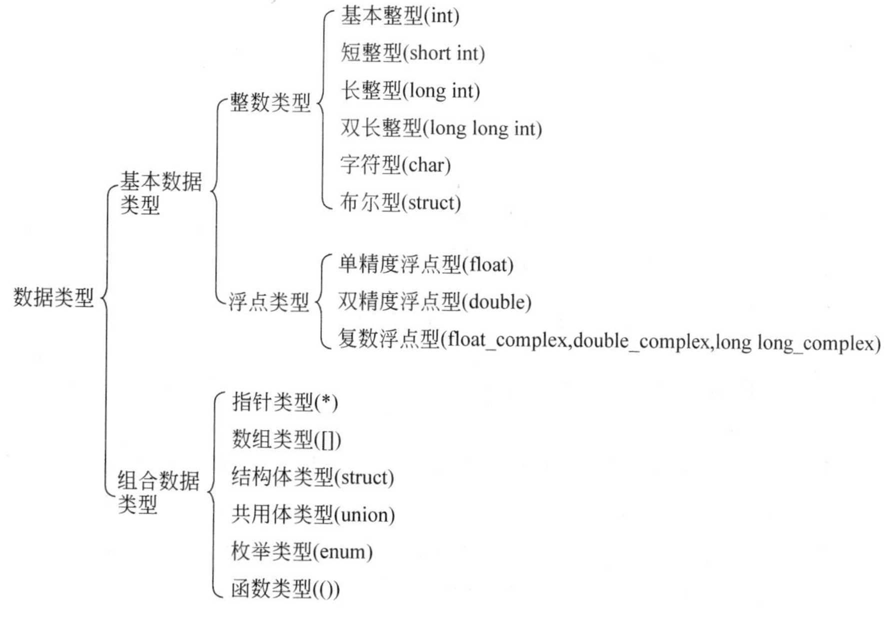

图2-1　数据类型

2.1.1 整数类型

整数类型的数据是整数。

1. 分类

有符号(signed)整数是指所使用的整数包含正整数和负整数，所以这些数据在存储单元中存储的时候，最左位为符号位。如果编程中所需要的数据只需要正数而不需要负数(例如学号、年龄、人数等)，则这些数据不需要使用符号位，即为无符号(unsigned)整数。

C语言的基本整数类型(int类型，简称整型)在不同的机器上可能有不同的长度，通常为32位，但在老的CPU上可能是16位。C语言还提供了长整型(long int)和短整型(short int)，长整型可以用于程序所需的数很大而无法以基本整数类型存储时，短整型可以用于使用数据占用的存储空间较小时。C99增加了两种标准整数类型：双长整型(long long int)和无符号双长整型(unsigned long long int)，增加这两种整数类型是为了满足日益增长的对超大型整数的需求和支持64位运算的新处理器的能力。

整型、短整型、长整型、双长整型分别与有符号和无符号相结合，可以产生下列8种不同的整数类型。

- 短整型(short int)
- 无符号短整型(unsigned short int)
- 整型(int)
- 无符号整型(unsigned int)
- 长整型(long int)
- 无符号长整型(unsigned long int)
- 双长整型(long long int)
- 无符号双长整型(unsigned long long int)

注意：

(1) 默认情况下，整数都是有符号的。因此，C语言允许将有符号整数、有符号短整数、有符号长整数中的signed省略，即分别用int、short int、long int来表示。

(2) 说明符的先后顺序没有影响，例如，unsigned short int和short unsigned int是一样的。

(3) C语言允许将长整型和短整型中的单词int省略，例如，unsigned short int写为unsigned short，long int写为long，long long int写为long long。

8种整数类型的每一种所表示的取值范围都会根据机器的不同而不同，但是C标准要求所有C编译器都遵守两条原则：一是每一种类型都覆盖一个确定的最小取值范围；二是int类型不能比short int类型短，long int类型不能比int类型短。但是short int类型的取值范围可以与int类型的范围一样，int类型的取值范围可以与long int的一样。

2. 进制表示

C语言允许用十进制(基数为10)、八进制(基数为8)和十六进制(基数为16)的形式表示整数。

十进制数用 0～9 中的数字表示，十进制数的每一位表示一个 10 的幂。

八进制数用数字 0～7 中的数字表示，八进制数的每一位表示一个 8 的幂。

十六进制数是用数字 0～9 和字母 a～f 中的数字表示，其中字母 a～f 表示 10～15 的数，十六进制数的每一位表示一个 16 的幂。

在计算机中八进制的数用 0 开头表示，如 062、0355、076543；十六进制的数以 0x 开头表示，如 0xd、0xab、0xcde、0xFf、0xFF。

注意：

- 八进制和十六进制只是表示数的方式，它们不会对数的实际存储方式产生影响。计算机中数据都以二进制形式存储，与表示方式无关。
- 任何时候都可以从一种表示方式切转换成另一种表示方式，甚至可以混合使用，例如，10＋015＋0x20 的值为十进制的 55。
- 八进制和十六进制更适用于底层程序的编写。
- 可以在整数的后边加上一个字母 L(或 l)，强制编译器把该整数作为长整数来处理，如 26L、0388L、0x2fabL。可以在整数后边加上字母 U(或 u)来指明该整数是无符号的，如 26U、0388U、0x2fabU。可以将 L 和 u 结合使用来表明整数既是长整型又是无符号的，如 0x2fabUL，其中字母 L、U 的顺序不影响数值的大小。

2.1.2　浮点类型

当计算机需要存储极大的数或极小的数时，可以用浮点类型对数据进行存储。浮点类型的数据值具有小数部分，“浮点”因小数点在机器中存储时是“浮动的”而得名。

1. 分类

C 语言提供了 3 种浮点类型：单精度浮点型(float)、双精度浮点型(double)、长双精度浮点型(long double)。

当精度要求不严格时，float 类型是很适合的类型；double 提供更高的精度，对绝大多数程序来说都够用了；long double 支持极高精度的要求，很少会用到。

不同的计算机可以用不同方法存储浮点数，因而，C 标准没有说明 float、double 和 long double 类型提供的精度到底是多少。在 C99 中，浮点类型除了实浮点类型，即 float、double 和 long double 类型以外，新增了复数类型，即 float_complex、double_complex 和 long double_complex 类型。

2. 表示方式

浮点数可以用小数法或指数法表示，例如，下面这些都是表示数 57.0 的合法方式：57.0、57.、57.0e0、57E0、5.7e1、5.7e＋1、.57e2、570.e－1。

浮点表示必须包含小数点或指数，指数表示时需要在指数数值前放置字母 E 或 e，E 或 e 后面的数是该数据对于 10 的幂次，幂的符号＋或－出现在字母 E 或 e 的后边。

注意：

- 默认情况下，浮点常量都以双精度数(double类型)的形式存储，在需要时double类型的值时可以自动转化为float类型的值。
- 当需要强制编译器以单精度(float)或长双精度(long double)类型存储浮点数时，可以在数的末尾处加上字母F、f或L、l。

2.1.3 字符类型

字符类型(char类型)简称字符型，不同的机器可能会有不同的字符集，故字符类型的数据值会根据计算机的不同而不同。

1. 字符集

字符集现在最常用的是ASCII(美国信息交换标准码)字符集，它用7位代码表示128个字符。在ASCII码中，数字0～9用0110000～0111001码来表示，大写字母A～Z用1000001～1011010码表示。ASCII扩展码用于表示256个字符，相应的字符集Latin-1包含西欧和许多非洲语言中的字符。

字符常量需要用单引号括起来，应注意：不是双引号。char类型的变量可以用任意单字符赋值，例如：

```
char ch;
ch= 'a';
ch = 'A';
ch = '0';
ch = ' ';
```

2. 字符操作

C语言把字符当作整数进行处理，所有字符都是以二进制的形式进行编码。当计算中出现字符时，C语言只是使用它对应的整数值进行操作。例如，在ASCII码中，字符的取值范围是0000000～1111111，即十进制0～127的整数，所以，字符'a'的值为97，'A'的值为65，'0'的值为48，而' '的值为32。

3. 有符号字符和无符号字符

C语言允许把字符作为整数来使用，所以字符类型像整数类型一样，也存在有符号型和无符号型两种。通常有符号字符的取值范围是－128～＋127，而无符号字符的取值范围则是0～255。

标准C语言允许使用signed和unsigned来修饰char类型，例如：

```
signed char ch1;
unsigned char ch2;
```

注意：

- 与整数类型数据的处理方法不同，标准 C 语言未规定默认情况下字符类型的数是按 signed char 处理还是按 unsigned char 处理，由各编译系统自己决定。
- 不要假设 char 类型默认为 signed 或 unsigned，如有区别，用 signed char 或 unsigned char 代替 char。

2.1.4　转义序列

正如前面所说，字符常量通常是用单引号括起来的单个字符。然而，由于一些特殊符号（比如换行符）是无法打印出来的，所以无法采用上述方式书写。为了使程序可以处理字符集中的每一个字符，C 语言提供了一种特殊的表示法——转义序列（escape sequence）。转义序列共有两种：字符转义序列（character escape）和数字转义序列（numeric escape）。表 2-1 是字符转义序列及其含义。

表 2-1　字符转义序列及其含义

字符转义序列	含　义	字符转义序列	含　义
\a	表示警报（响铃）符	\t	表示水平制表符
\b	表示回退符	\v	表示垂直制表符
\f	表示换页符	\\	表示字符\
\n	表示换行符	\'	表示字符 '
\r	表示回车符	\"	表示字符"

为了把特殊字符书写成数字转义序列，首先需要在字符集那样的表中查找字符的八进制或十六进制值。例如，某个 ASCII 码转义字符（十进制值为 27）对应的八进制值为 33，对应的十六进制值为 1B，这个八进制或十六进制码可以用来书写转义序列。

注意：

- 八进制转义序列由字符\和跟随其后的一个最多含有三位数字的八进制数组成。此数必须表示为无符号字符，所以最大值通常是八进制的 377。例如，可以将转义字符写成\33 或\033。跟八进制常量不同，转义序列中的八进制数不一定要用 0 开头。
- 十六进制转义序列由\x 和跟随其后的一个十六进制数组成。虽然标准 C 对于十六进制数的位数没有限制，但其必须表示成无符号字符。因此，如果字符长度是 8 位，那么十六进制数的值不能超过 FF。若采用这种表示法，可以把转义字符写成\xlb 或\xlB 的形式。字符 x 必须小写，但是十六进制的数字不限大小写，如 b、B。
- 转义序列列表没有包含所有无法打印的 ASCII 字符，只包含了最常用的字符。字符转义序列也无法用于表示基本的 128 个 ASCII 字符以外的字符。数字转义序列可以表示任何字符。
- 作为字符常量使用时，转义序列必须用一对单引号括起来。例如，表示转义字符的常量可以写成'\33'（或'\x1b'）的形式。也可以采用 ＃define 的方式给它们命名，例如：

```
#define ESC '\33';                //ASCII 转义字符
```

- 转义序列也可以嵌在字符串中使用。

2.1.5 不同类型数据间的混合运算

在程序中经常会遇到不同类型的数据进行运算。如果一个运算符两侧的数据类型不同,则先自动进行类型转换,使二者具有同一种类型,然后进行运算,因此整型、实型、字符型数据间可以进行组合运算。规律如下。

(1) +、-、*、/运算的两个数中有一个数为 float 或 double 型,系统将所有 float 型数据都先转换为 double 型,然后进行运算,结果是 double 型。

(2) 如果 int 型与 float 或 double 型数据进行运算,先把 int 型和 float 型数据转换为 double 型,然后进行运算,结果是 double 型。

(3) 字符型数据与整型数据进行运算,就是把字符的 ASCII 代码与整型数据进行运算。字符数据可以直接与整型数据进行运算,如 12+'A',由于字符 A 的 ASCII 代码是 65,相当于 12+65,等于 77。如果字符型数据与实型数据进行运算,则将字符的 ASCII 代码转换为 double 型数据,然后进行运算。以上的转换是编译系统自动完成的,用户不必过问。

2.2 定义新类型

2.2.1 类型定义

除了可以直接使用 C 语言提供的基本类型,如整型、字符型、浮点型和程序编写者自己声明的结构体、共用体、枚举类型(见第 9 章)以外,还可以用#define 指令或 typedef 定义新的类型名。

比如,我们想定义一个名为 Integer 的新类型,我们可以使用#define 指令创建一个符号常量来定义:

```
#define Integer int
```

也可以使用类型定义(type definition):

```
typedef int Integer;
```

注意:

- 使用#define 指令所定义的类型的名字放在前面,使用 typedef 定义类型名字放在最后。
- 使用首字母大写的单词 Integer 不是必需的,只是 C 语言编程的良好习惯。

两种方法不同的是:采用 typedef 定义 Integer 会致使编译器在它所识别的类型名列表中加入 Integer。定义这个新类型后,它可以和内置的类型名一样用于变量声明、强制类型转换表达式及其他地方。例如，可以使用 Integer 声明变量。

```
Integer flag;                    //same as int flag;
```

编译器将会把 Integer 类型看作 int 类型的同义词，因此，变量 flag 实际就是一个普通的 int 类型变量。

用 typedef 定义新类型有以下两种情形。

(1) 简单地用一个新的类型名代替原有的类型名。例如：

```
typedef int Count;               //指定 Count 代表 int
Count i, j;                      //用 Count 定义变量 i 和 j，相当于"int i, j;"
```

在计数的程序中使用 Count 定义变量一目了然。

(2) 命名一个简单的类型名代替复杂的类型表示方法，包括：

- 命名一个新的类型名代替结构体类型。
- 命名一个新的类型名代替数组类型。
- 命名一个新的类型名代替指针类型。
- 命名一个新的类型名代替指向函数的指针类型。

声明一个新的类型名的方法，简单地说，就是按定义变量的方式，把变量名换上新类型名，并且在最前面加 typedef。例如，定义数组，原来是用

```
int a[10],b[10],c[10],d[10];
```

由于都是一维数组，大小也相同，可以先将此数组类型命名为一个新的名字 Arr，即

```
typedef int Arr[10];
```

然后用 Arr 去定义数组变量。

```
Arr a, b, c, d;                  //定义 5 个一维整型数组，各含 10 个元素
```

Arr 为数组类型，它包含 10 个元素。因此，a、b、c、d 都被定义为一维数组，各含 10 个元素。

2.2.2　类型定义的优点

(1) 类型定义使程序更加易于理解。例如，假设变量 cash_in 和变量 cash_out 将用于存储美元数量。把 Dollar 声明成：

```
typedef float Dollar;
```

并且随后写出：

```
Dollar cash_in, cash_out;
```

这样的写法比下面的写法更接近实际含义。

```
float cash_in, cash_out;
```

(2) 类型定义还可以使程序更容易修改。如果决定再把 Dollar 定义为 double 类型，那

么只需要将类型定义改变为如下就可以了。

```
typedef double Dollar;
```

而 Dollar 变量的声明不需要改变。这种情况如果不使用类型定义，则需要找到所有用于存储美元数量的 float 类型变量并改变它们的声明，这显然是件费时的工作。

(3) 类型定义是编写可移植程序的一种重要工具。程序从一台计算机移动到另一台计算机，可能引发的问题之一就是不同计算机上的类型取值范围可能不同。例如，i 是 int 类型的变量，那么赋值语句

```
i = 100000;
```

在使用 32 位整数的机器上是没问题的，但是在使用 16 位整数的机器上就会出错。可移植性技巧为了更大的可移植性，可以考虑使用 typedef 定义新的整数类型名。

2.3　常量、变量、标识符

在计算机高级语言中，数据有两种表现形式：常量和变量。

2.3.1　常量

常量是在程序中以文本形式出现的数，而不是经过读、写或计算等操作得出来的数。常量在程序运行过程数据的值不改变。常用的常量有以下几类。

(1) 整型常量。如－789、0、28160 等都是整型常量。

(2) 实型常量。有以下两种表示形式。

- 十进制小数形式：由数字和小数点组成，如－789.00、0.00、3.1416。
- 指数形式：如－7.89e＋2、2.816E＋4。

(3) 字符常量。有两种形式的字符常量。

- 普通字符：用单撇号括起来的一个字符，如'B'、'?'。
- 转义字符：C 语言还允许用一种特殊形式的字符常量，就是以字符\开头的字符序列。如'\n'、'\t'。

(4) 字符串常量。字符串常量使用双撇号把若干个字符括起来，但不包括双撇号本身。如"program"、"1234"。

(5) 符号常量。当程序含有多处使用的常量时，可以采用符号常量给常量命名，即用＃define 指令指定用一个符号名称代表一个常量。例如：

```
#define PI 3.1416
```

这里的＃define 是预处理指令，类似于前面所讲的＃include，预处理指令在行的结尾没有分号。当对程序进行编译时，预处理器会把每一个符号常量替换为其表示的值。例如，语句

```
area=PI*ratio*ratio;
```

将变为

```
area=3.1416*ratio*ratio;
```

此外,还可以利用符号常量来定义表达式:

```
#define RECIPROCAL_OF_PI (1.0f / 3.14159f)
```

注意:

(1) 当符号常量包含运算符时,必须用括号把表达式括起来。

(2) 符号常量的名字只用大写字母,是大多数C语言程序员遵循的规范,并不是C语言本身的要求。

(3) 使用符号常量有以下好处。

① 含义直观清楚。

② 在需要改变程序中多处用到的同一个常量时,能做到"一改全改"。

2.3.2 变量

变量代表一个有名字的、具有特定属性的一个存储单元,它用来存放数据。在程序运行期间,变量的值是可以改变的。

变量必须先定义、后使用。定义变量的位置一般在函数开头的声明部分,也可以在函数外定义变量(即外部变量、全局变量,见第7章),或者在函数中的复合语句(用一对花括号包起来)中定义变量。

C99允许使用常变量,例如:

```
cons int a=3;
```

表示a被定义为一个整型变量,指定其值为3,而且在变量存在期间其值不能改变。

常变量与常量的异同是:常变量具有变量的基本属性,即有类型,占存储单元,只是不允许改变其值。可以说,常变量是有名字的不变量,而常量是没有名字的不变量。有名字就便于在程序中被引用。

2.3.3 标识符

标识符(identifier)是对变量、符号常量名、函数、数组、类型、宏及其他实体的命名。例如,变量名p1、p2、c、f,符号常量名PI、PRICE,函数名printf等都是标识符。C语言规定:标识符只能由字母、数字和下画线3种字符组成,且第1个字符必须为字母或下画线。下面列出的标识符是合法的。

```
sum、_total、Class、month、Student_name、lotus_1_2_3、BASIC、li_
```

下面的标识符是不合法的。

```
M. D. John、¥123、#33、3D64、a>b、10times、get-next-char
```

注意：

- C语言编译系统将大写字母和小写字母认为是两个不同的字符，例如，下列标识符是不同的。

```
sum、SUM、job、joB、j0b、j0B、Job、JoB、J0b、J0B
```

- C对标识符的最大长度没有限制，所以不用担心使用较长的描述性名字，例如，current_page这样的名字比cp之类的名字更容易理解。

2.4 运 算 符

表达式是表示如何计算值的公式。最简单的表达式是变量和常量，变量代表程序运行时需要计算的值，常量代表不变的值。更加复杂的表达式把运算符与操作数相结合，操作数自身就是表达式。例如，在表达式a＊(b＋c)中，运算符＊用于操作数a和(b＋c)，而这两个操作数同时又分别都是表达式。由此可见，运算符是构建表达式的基本工具，C提供的运算符有以下几类。①算术运算符；②赋值运算符；③自增自减运算符；④关系运算符；⑤逻辑运算符；⑥条件运算符；⑦逗号运算符；⑧指针运算符；⑨求字节数运算符；⑩强制类型转换运算符；⑪成员运算符；⑫下标运算符；⑬位运算符；⑭其他(如函数调用运算符等)。

2.4.1 算术运算符

算术运算符是包括C语言在内的许多编辑语言中都广泛应用的一种运算符，这类运算符可以执行加法(＋)、减法(－)、乘法(＊)、除法(/)、求余(%)。只需要一个操作数的运算符称为单目运算符，需要两个操作数的运算符称为双目运算符。常用的算术运算符如表2-2所示。

表2-2 算术运算符

单目运算符	双目运算符	
	加法类	乘法类
＋ 正号运算符 － 负号运算符	＋ 加法运算符 － 减法运算符	＊ 乘法运算符 / 除法运算符 % 求余运算符

运算符的优先级和结合性：当表达式包含多个运算符时，C语言采用运算符优先级(operator precedence)规则来解决这种隐含的二义性问题。

算术运算符的相对优先级如下。

最高优先级：＋、－(单目运算符)、＊、/、%。

最低优先级：＋、－(双目运算符)。

- 当两个或更多个运算符出现在同一个表达式中时，编译器解释表达式的方法是按运算符优先级从高到低的顺序。例如：

```
i + j * k  等价于  i + ( j * k )
- i * - j  等价于  (- i ) * ( - j )
+ i + j / k  等价于  ( + i ) + ( j / k )
```

• 当表达式包含两个或更多个相同优先级的运算符时，运算符优先级规则与运算符的结合性(associativity)同时发挥作用。如果运算符是从左向右结合的，那么称这种运算符是左结合的(left associative)，二元算术运算符(* 、/、%、+、−)都是左结合的。例如：

```
i - j - k  等价于  ( i - j ) - k
i * j / k  等价于  ( i * j ) / k
```

如果运算符是从右向左结合的，那么称这种运算符是右结合的(right associative)，单目算术运算符(+、−)和赋值运算符(=)都是右结合的。例如：

```
- + i  等价于  - ( + i )
i = j = k = 10  等价于  i = ( j = ( k = 10 ) )
```

2.4.2　赋值运算符

C 语言的简单赋值(simple assignment)运算符"="用来将赋值号右边的值存储到赋值号左边的变量中，以备将来使用。

1. 简单赋值

C 语言的简单赋值就是赋值运算符=，它的作用是将一个数据赋给一个变量，用于求出表达式的值并将其存储到变量中，以便将来使用。例如：

```
int i, j, k;
float x;
i = 8;
j = i;
k = 2 * i - j;
i = 34.56f;                    //i is now 34
x = 136;                       //x is now 136.0
```

注意：

• 由于存在类型转换，串在一起的赋值运算的最终结果可能不是预期的结果，例如：

```
int i;
float f;
f = i = 34.56 f;
```

首先把数值 34 赋值给变量 i，然后把 34.0(而不是 34.56)赋值给变量 f。

• "嵌入式赋值"(如 k=1+(j=i);)不便于程序的阅读，也会是隐含错误的根源。

- 赋值运算符要求它的左操作数必须是变量,而不能是常量或表达式;否则,编译器会检测出这种错误并给出错误消息。

2. 复合赋值

C语言还提供了一种复合赋值(compound assignment)运算符,利用变量的原有值计算出新值并重新赋值给这个变量,它是在赋值符之前加上其他运算符。例如:+=、-=、*=、/=、%=。这里,i+=k表示i=i+k,即i加上k,然后将结果存储到i中;x*=y-6表示x=x*(y-6),即x乘以(y-6)的值,然后将结果存储到x中。

3. 赋值过程中的类型转换

如果赋值运算符两侧的类型一致,则直接进行赋值。例如,“i=68;”表示将68存入变量i的存储单元。

如果赋值运算符两侧的类型不一致,但都是算术类型时,在赋值时要进行类型转换。类型转换是由系统自动进行的,转换的规则是:

(1) 将浮点型数据(包括单、双精度)赋给整型变量时,先对浮点数取整,即舍弃小数部分,然后赋予整型变量。

(2) 将整型数据赋给单、双精度变量时,数值不变,但以浮点数形式存储到变量中。

(3) 将一个双精度型数据赋给单精度变量时,先将双精度数转换为单精度,然后存储。将一个单精度型数据赋给双精度变量时,数值不变,有效位数扩展,然后存储。

(4) 字符型数据赋给整型变量时,将字符的ASCII代码赋给整型变量。

(5) 将一个占字节多的整型数据赋值给一个占字节少的整型变量或字符变量时,只将其低字节原封不动地送到被赋值的变量(即发生“截断”)。

2.4.3 自增运算符和自减运算符

自增运算符++表示操作数加1,自减运算符--表示操作数减1。++i和i++的作用都相当于i=i+1,但++i和i++具有不同之处,即++i是先执行i=i+1后,再使用i的值;而i++是先使用i的值后,再执行i=i+1。例如:

```
i = 2;
j = ++ i;                    //j is now 3
k = i ++;                    //k is now 3
a = i;                       //a is now 4
printf ( "%d\n", ++ a );     //输出 5
printf( "%d\n", i ++ );      //输出 4
printf ( "%d\n", i );        //输出 5
```

2.4.4 关系运算符

C语言的关系运算符(relational operator)与数学上的运算符相对应(见表2-3),只是用在C语言的表达式中时产生的结果是0(假)或1(真)。例如,表达式0<1的值为1,表达式1<0的值为0。关系运算符可以用于比较整数和浮点数,也允许比较混合类型的操作数。例如,表达式1<2.5的值为1,而表达式5.6<4的值为0。

表2-3　关系运算符

符　号	含　义	符　号	含　义
<	小于	>=	大于等于
>	大于	= =	等于
<=	小于等于	!=	不等于

关系运算符的优先次序为:

(1) 表4-2中,前4种关系运算符的优先级别相同,后2种判等运算符也相同。前4种高于后2种。例如,i==k>j等价于i==(k>j)。

(2) 关系运算符的优先级低于算术运算符。例如,i+j<k-1等价于(i+j)<(k-1)。

(3) 关系运算符的优先级高于赋值运算符。例如,i=j>k等价于i=(j>k)。

注意:关系运算符都是左结合的。表达式i<j<k在C语言中是合法的,但可能不是你所期望的含义。因为<运算符是左结合的,所以这个表达式等价于(i<j)<k,也即表达式首先检测i是否小于j,然后用比较产生的结果1或0来和k进行比较。这个表达式并不是测试j是否位于i和k之间,表达j是否位于i和k之间,正确的表达式应该是i<j&&j<k。

2.4.5　逻辑运算符

利用逻辑运算符(logical operator)可以将较简单的表达式构建出更加复杂的逻辑表达式。逻辑运算符如表2-4所示,其中,“!”是单目运算符,而&&和||是双目运算符。

表2-4　逻辑运算符

<table>
<tr><th>符号</th><th>含　义</th></tr>
<tr><td>!</td><td>逻辑非</td></tr>
<tr><td>&&</td><td>逻辑与</td></tr>
<tr><td>||</td><td>逻辑或</td></tr>
</table>

逻辑运算符所产生的结果是0或1。操作数的值经常是0或1,但这不是必需的,因为逻辑运算符将任何非零值操作数作为1来处理。

逻辑运算符的操作如下。

- 如果“表达式”的值为0,那么“!表达式”的值为1。
- 如果“表达式1”和“表达式2”的值都是非零值,那么“表达式1 && 表达式2”的结果为1。
- 如果“表达式1”或“表达式2”的值中任意一个或者两者均为非零值,那么“表达式1 || 表达式2”的值为1。
- 在所有其他情况下,这些运算符产生的结果都为0。

逻辑运算符的优先次序如下。

- 逻辑运算符"!"是右结合的，而 && 和 || 都是左结合的。
- 运算符"!"的优先级和单目正负号的优先级相同，即高于双目算术运算符。
- 逻辑运算符 && 和||的优先级低于关系运算符。例如：

```
i < j && k = = m              //等价于( i < j ) && ( k = = m )
!i | | i > j                  //等价于( !i ) | | ( i > j )
```

2.4.6 条件运算符

条件运算符由两个符号"?"和":"组成，且必须一起使用。有3个操作对象，因而称为三目(元)运算符。它是C语言中唯一的一个三目运算符，它的一般形式为：

```
表达式 1 ? 表达式 2 : 表达式 3
```

条件运算符的执行顺序：先求解表达式1，若为非0(即真)，则求解表达式2，此时表达式2的值就是整个条件表达式的值；若表达式1的值为0(即假)，则求解表达式3，此时表达式3的值就是整个条件表达式的值。

条件运算符的优先次序如下。

- 条件运算符优先于赋值运算符，因此包含有条件表达式的赋值表达式的求解过程是先求解条件表达式，再将它的值赋值给变量。例如：

```
max = ( i > j ) ? i : j     //表示将 i 和 j 中大的赋值给 max
```

- 条件运算符的优先级别比关系运算符和算术运算符都低。因此

```
max = ( i > j ) ? i : j     //可以写成 max = i > j ? i : j
i > j ? i : j + k           //等价于 i > j ? i : ( j + k ),而非 ( i > j ? i : j ) + k
```

- 条件表达式相当于选择结构中的 if-else 语句(见第4章)，即

```
if 表达式 1
  表达式 2;
else
  表达式 3;
```

2.4.7 逗号运算符

逗号运算符是为了在C语言要求只能有一个表达式的情况下可以使用两个或多个表达式(类似于复合语句把一组语句当作一条语句来使用)。逗号表达式的一般形式为：

```
表达式 1, 表达式 2
```

例如，如下 for 循环结构

```
sum = 0;
```

```
for (i =1 ; i <= N; i ++)
  sum += i;
```

可改写为：

```
for (sum= 0, i = 1; 1<= N; i ++)
  sum += i;
```

2.4.8 取地址运算符和指针运算符

为了找到变量的地址，可以使用取地址运算符 &。例如，x 是变量，则 &x 就是 x 在内存中的地址。为了获得对指针所指向对象的访问，可以使用指针运算符 *。例如，p 是指针，则 *p 表示 p 当前指向的对象。

2.4.9 求字节数运算符

求字节数运算符 sizeof 指出了指定类型数据的存储空间大小(字节数)，其表达式为：

```
sizeof (类型名)
```

它的值是一个无符号整数，代表存储属于类型名的数据所需要的字节数。表达式 sizeof (char)的值始终为 1。但是，对字符型以外其他类型计算出的值可能会因计算机不同而有所不同。在 32 位的机器上，表达式 sizeof (int)的值通常为 4。

通常情况下，sizeof 运算符也可以应用于常量、变量和表达式。假设 i 和 j 是整型变量，那么，sizeof (i)在 32 位机器上的值为 4，这和表达式 sizeof (i + j)的值一样。

2.4.10 强制类型转换运算符

虽然 C 语言的隐式转换使用起来非常方便，但我们有些时候还需要从更大程度上控制类型转换，因而，C 语言提供了强制类型转换运算符 (类型)，它将其右边的变量或表达式转换成所需类型。例如：

```
int i;
float x = 2.6;
i = (int) x;                          //i 现在是 2
```

2.4.11 成员运算符

成员运算符“.”用来引用结构体变量的成员(见第 9 章)，其引用方式为：

```
结构体变量.成员名
```

例如，“student1.num = 1001;”表示给结构体变量 student1 中的成员 num 赋值为

1001。当通过指针变量访问结构体变量成员时,可以使用成员运算符"."或→。例如:

```
struct Student stu;
struct Student *p;
p = &stu;
stu.num=1001;
printf("%d\n", (*p).num);
```

这里,(*p).num是通过指针变量p访问结构体变量stu的成员num,(*p).num也可以用p→num来代替。以下三种用法等价。

(1) 结构体变量.成员名,例如:

```
stu.num;
```

(2) (*指针变量).成员名,例如:

```
(*p).num;
```

(3) 指针变量→成员名,例如:

```
p→num;
```

2.4.12 下标运算符

下标运算符[ ]用来引用数组中的某一元素,例如,a[0]表示数组a中序号为0的元素(详见第6章)。

2.4.13 位运算符

C语言提供了6个位运算符来对整数数据进行位运算,如表2-5所示(详见第11章)。

表2-5 位运算符

符　号	含　义
<<	左移位
>>	右移位
~	按位求反
&	按位与
|	按位或
^	按位异或

例如:

```
unsigned short i, j, k;
i = 21;                          //i现在是21 (binary 0000000000010101)
```

```
j = 56;                                 //j 现在是 56 (binary 0000000000111000)
k= ~ i;                                 //k 现在是 65514 (binary 1111111111101010)
k = i & j;                              //k 现在是 16 (binary 0000000000010000)
k = i | j;                              //k 现在是 61 (binary 0000000000111101)
k = i ^ j;                              //k 现在是 45 (binary 0000000000101101)
```

2.4.14 函数调用运算符

调用函数的一般形式为：

函数名（实参列表）

例如，“m＝max(a, b);”通过调用函数 max 求出 a 和 b 中最大的数，然后赋值给变量 m（详见第 7 章）。

2.5 表 达 式

C 语言中含有常量、变量和运算符的公式，称为表达式。

2.5.1 算术表达式

用算术运算符和括号将运算对象（也称操作数）连接起来的式子称为算术表达式。运算对象包括常量、变量、函数等。例如，下面是一个合法的 C 算术表达式。

```
i + k - j * 2 + 'a' - i / j
```

C 语言有一条不同寻常的规则，那就是任何表达式都可以当作语句。换句话说，表达式添加分号即变为语句。例如，下面是一个合法的 C 语句。

```
i + k - j * 2 + 'a' - i / j;
```

2.5.2 赋值表达式

在 C 语言程序中，最常用的语句是赋值语句和输入/输出语句。其中最基本的是赋值语句。程序中的计算功能大部分是由赋值语句实现的。由赋值运算符“＝”将一个变量和一个表达式连接起来的式子就是赋值表达式，它的一般形式为：

变量　赋值运算符　表达式

赋值表达式的作用是将一个表达式的值赋给一个变量，因此赋值表达式具有计算和赋值的双重功能。例如：

```
i = 10;
```

```
j = 20;
x = 5.6;
y = 7.8;
n = i + j;
s = ( x + y ) / 2;
i % / = 3;
x + = y;
```

2.5.3 关系表达式

用关系运算符将两个数值或数值表达式连接起来进行两个数值比较的式子是关系表达式。例如：

```
i > j,( i = 2 ) > ( j = 6 ) ,'a' > 'b',( i < j ) > ( j > k )
```

2.5.4 逻辑表达式

用逻辑运算符将关系表达式或其他逻辑量连接起来的式子是逻辑表达式。逻辑表达式的值应该是一个逻辑量“真”或“假”。C语言编译系统在表示逻辑运算结果时，以数值1代表“真”，以0代表“假”。但在判断一个量是否为“真”时，以0代表“假”，以非零代表“真”，即将一个非零的数值认作为“真”。例如，假设i=2,j=3，则i && j的值为1，因为i和j均为非零值;C作为“1”进行逻辑运算，所以i与j逻辑与得到的结果是1，此时i与j逻辑或的值也为1,i的逻辑为非0。

2.5.5 条件表达式

由条件运算符和三个表达式构成的式子为条件表达式(conditional expression)，它的一般形式为：

```
逻辑表达式 ? 表达式 1 : 表达式 2
```

逻辑表达式的值若为非零，则条件表达式的值等于表达式1的值;若逻辑表达式的值为0，则条件表达式的值等于2的值。

例 2-1 输入一个字符，判别它是否为大写字母，如果是，将它转换成小写字母;如果不是，不转换。然后输出最后得到的字符。

分析：用条件表达式来处理，当字母是大写时，转换成小写字母，否则不转换。大小写字母之间的转换方法为小写字母的ASCII码是大写字母的ASCII码加32。

编写程序(e2-1.c)：

```
#include <stdio.h>
int main( )
{
```

```
    char ch;
    scanf("%c", &ch);
    ch = ( ch >= 'A' && ch <= 'Z' ) ?( ch+32) : ch;
    printf( "%c\n", ch );
    return 0;
}
```

运行结果如下：

```
G
g
```

2.6　C　语　句

在前面的例子中可以看到，一个函数包含声明部分和执行部分。执行部分是由语句组成的。语句的作用是向计算机系统发出操作指令，要求执行相应的操作。一个 C 语句经过编译后产生若干条机器指令。声明部分不是语句，它不产生机器指令，只是对有关数据的声明。

C 语句分为以下 5 类。

(1) 控制语句。控制语句用于完成一定的控制功能。C 语言只有以下几种控制语句。

① 选择语句(selection statement)：允许程序在一组可选项中选择一条特定的执行路径，包括 if-else 语句和 switch 语句。

② 循环语句(iteration statement)：支持重复(循环)操作，包括 while 语句、do-while 语句和 for 语句。

③ 跳转语句(jump statement)：无条件地跳转到程序中的某个位置，包括以下 4 种。

- break 语句：中止执行 switch 语句或循环。
- continue 语句：结束本次循环。
- return 语句：从函数返回。
- goto 语句：转向语句。注意，在结构化程序中基本不用 goto 语句。

(2) 函数调用语句。函数调用语句由一个函数调用加一个分号构成，例如：

```
printf ("Hello, C programming.");
```

其中，printf ("Hello, C programming.")是一个函数调用，加一个分号成为一个语句。

(3) 表达式语句。表达式语句由一个表达式加一个分号构成。例如，a=10 是一个赋值表达式，加一个分号就成为赋值语句。

```
a = 10;
```

(4) 空语句。语句可以为空，也就是除了末尾处的分号以外，其他什么符号也没有。空语句可以用来作为流程的转向点，即流程从程序其他地方转到此语句处；也可用来作为循环语句中的循环体，循环体中空语句表示循环体什么也不做。在一些情况下，带空循环体的循环比其他循环更高效。以下有三条语句：

```
i=0;
;
j=1;
```

其中，第一条语句是给 i 赋值，第二条语句是空语句，第三条语句是给 j 赋值。

(5) 复合语句。可以用{}把一些语句和声明括起来成为复合语句，又称语句块。复合语句经常用在 if 语句或循环结构中，此时程序需要连续执行一组语句。复合语句中可以包含声明部分。例如，下面是一个复合语句：

```
{
  int a = 2, b = 6, c;                    //定义变量
  c = a * b / 2;
  printf ( "c=%d\n", c );
}
```

注意：复合语句最后一个花括号}后面没有分号。

实　　验

1. 实验目的

(1) 掌握 C 语言的数据类型，了解字符型数据和整型数据的内在关系。

(2) 掌握对各种数值型数据的正确输入方法。

(3) 学会使用 C 语言的有关算术运算符，以及包含这些运算符的表达式，特别是自加"++"和自减"--"运算符的使用。

(4) 学会编写和运行简单的应用程序。

(5) 进一步熟悉 C 程序的编辑、编译、连接和运行的过程。

2. 实验要求

(1) 使用本章所学数据类型和 C 语句编写程序。

(2) 上机输入源程序并运行程序。

(3) 调试程序直至得到正确结果。

3. 实验内容

(1) 输入以下程序并观测运行结果。

```
#include <stdio.h>
int main ( )
{
```

```
  char c1,c2;
  c1=97;
  c2=98;
  printf("%c %c\n", c1,c2);
  printf("%d %d\n", c1,c2);
  return 0;
}
```

(2) 从键盘输入数据，观察 scanf 函数控制格式与输出数据的格式之间的关系。

```
#include <stdio.h>
int main( )
{
  int a,b;
  float x,y;
  char c1,c2;
  scanf ("a=%d,b=%d\n", &a, &b);
  scanf("x=%f,y=%e\n",&x, &y);
  scanf("c1=%c,c2=%c",&c1,&c2);
  printf("a=%d,b=%d\nx=%f,y=%f\nc1=%c,c2=%c\n",a,b,x,y,c1,c2);
  return 0;
}
```

(3) 输入以下程序，观察自增、自减运算符的顺序与运行结果之间的关系。

```
#include <stdio.h>
int main( )
{
  int i, j, m, n;
  i=8;
  j=80;
  m=++i;
  n=j++;
  printf("i=%d, j=%d, m=%d, n=%d\n", i, j, m, n);
  return 0;
}
```

本实验答案

练　　习

1. 简答题

(1) C语言的基本数据类型有哪几种？组合数据类型有哪几种？

(2) 什么是算术表达式？什么是逻辑表达式？什么是条件表达式？

(3) C语言有哪些运算符？各有什么含义？

(4) C语句有哪几类？

2. 编程题

(1) 求方程 $ax^2+bx+c=0$ 的根。从键盘输入 a、b、c，要求 $b^2-4ac>0$，求出根并从屏幕上显示出结果。

(2) 已知三角形三个边长，用公式 area$=\sqrt{s(s-a)(s-b)(s-c)}$（其中 $s=(a+b+c)/2$）求出三角形的面积，将结果从屏幕上显示出来。

本练习答案

第 3 章　顺序结构

本章学习要点：

(1) 最简单的顺序结构 C 程序的组成。

(2) 变量、声明以及赋值和输入/输出语句。

(3) 输入/输出函数。

3.1　最简单的顺序结构 C 程序

例 3-1　在屏幕上显示以下一行信息。

```
Hello, C program.
```

编写程序(e3-1.c)：

```
#include <stdio.h>
int main ( )
{
  printf ("Hello, C program. \n");          //函数调用
  return 0;
}
```

运行结果如下：

```
Hello, C program.
```

说明：

- 程序中第一行代码 #include <stdio.h> 是必不可少的，这句代码说明程序 e3-1.c 需要包含 C 语言的标准输入/输出库的相关信息。
- 程序的可执行代码都在 main 函数中，这个函数代表主程序。
- printf 函数来自标准输入/输出库，可以产生格式化的输出信息。代码\n 表示 printf 函数执行完显示信息后要进行换行操作。
- 第二行代码“return 0;”表示程序终止时会向操作系统返回值 0。

通过观察 e3-1.c 程序，我们可以归纳出最简单顺序结构 C 语言程序的一般形式：

```
指令
int main ( )
{
```

```
  语句
}
```

以上形式中，大括号标出 main 函数的起始和结束；中文部分也是需要由程序员编写的代码部分。

即使是最简单的 C 程序，也具有 3 个关键的语言特性。

- 指令：在编译前修改程序的编辑命令。
- 函数：被命名的可执行代码块，如 main 函数。
- 语句：程序运行时执行的命令。

下面将详细讨论这些特性。

3.1.1 指令

在编译 C 程序之前，预处理器会首先对其进行编辑。我们把预处理器执行的命令称为指令，所有指令都是以字符 # 开始的，它把 C 程序中的指令和其他代码区分开来。每条指令的结尾没有分号或其他特殊标记。

例如，程序 e3-1.c 由“#include <stdio.h>”指令开始，这条指令说明，在编译前把头文件<stdio.h>中的信息“包含”到程序中，头文件<stdio.h>包含了关于 C 语言标准输入/输出库的信息。这段程序中包含<stdio.h>的原因是：C 语言没有内置的“读(输入)”和“写(输出)”命令，因而 C 语言程序的输入/输出功能由标准库中的函数实现。C 语言拥有大量类似于<stdio.h>的头文件(header file)，每个头文件都包含一些标准库的内容。

3.1.2 函数

在 C 语言中，函数(function)是组合在一起并实现某个特定功能的语句模块，函数被赋予函数名。C 语言的函数分为两大类：一类是程序员编写的函数；另一类则是由 C 语言编译器提供的函数，称为库函数(library function)。

有的函数计算数值，有的函数不计算数值。计算数值的函数可以用 return 语句来指定所“返回”的值。例如，对参数 x 进行加 1 操作的函数，可以执行语句“return x+1;”将结果返回。

一个 C 程序可以包含多个函数，但是只有 main 函数(主函数)是必须有且只能有一个。执行程序时系统自动调用 main 函数，不论 main 函数在整个程序中的位置如何，程序总是从 main 函数开始执行。main 函数的末尾是“return 0;”，该语句的作用是在程序终止时向操作系统返回一个状态码：如果程序正常终止，main 函数应该返回 0；如果程序异常终止，main 函数返回非零的值。main 函数返回状态码的另一个用处是在运行程序后可以检测状态码。

3.1.3 语句

语句是程序运行时执行的命令。程序 e3-1. c 的语句部分只有两个语句：一个是返回

(return)语句,另一个是函数调用(function call)语句。要求某个函数执行它的功能称为调用函数。例如,程序 e3-1. c 中为了在屏幕上显示一条字符串就调用了 printf 函数。

```
printf ("Hello, C program. \n");
```

C 语言规定每条语句都要以分号结尾。由于语句可以连续占用多行,因此用分号来向编译器显示语句的结束位置。

注意:

- 复合语句以一对花括号{}表示始末,最后一个花括号的后面不要用分号结尾。
- 指令末尾不需要用分号结尾。

3.1.4　注释

C 语言把关于程序的识别信息放在注释(comment)中,如程序名、编写日期、作者、程序的用途以及其他相关信息。C 语言允许两种注释方式:①每一行用符号//标记注释开始的单行或多行注释;②用符号/ * 标记注释开始,* /标记注释结束的单行或多行注释。

例如:

```
//This is a function call.
```

或者

```
/ * This is a function call. * /
```

注释几乎可以出现在程序的任何位置上。它既可以单独占行,也可以占用多行,还可以和程序文本出现在同一行中。一旦遇到注释符号,编译器就读入随后的内容且对注释不进行编译。

3.1.5　显示字符串

printf 是一个功能强大的函数,在例 e3-1.c 中用它显示了一条用一对双引号包围的一系列字符,最外层的双引号不会出现。

当显示结束时,printf 函数不会自动跳转到下一输出行。为了让 printf 跳转到下一行,必须在要显示的字符串末尾加上换行符\n。写上换行符就意味着终止当前行,然后把后续的代码在下一行执行。

请思考语句:

```
printf ("Hello, C program. \n");
```

换成下面两个调用 printf 函数的语句后执行的结果:

```
printf ("Hello, ");
printf ("C program. \n");
```

第一个调用 printf 函数的语句显示出"Hello,",第二条调用 printf 函数的语句则显示出"C program."并且跳转到下一行。最终的执行结果和前一个调用 printf 函数的语句一样。

3.2 变量、声明、赋值、输入/输出

例 3-2 已知一个箱子的长、宽、高,计算箱子的体积并在屏幕上显示结果。

编写程序(e3-2.c):

```
/* Computes the volume of a box */
#include <stdio.h>
int main ( )
{
  int height, length, width, volume;
  height= 8;
  length= 12;
  width= 10;
  volume= height * length * width;
  printf ("Volume: %d\n", volume);
  return 0;
}
```

运行结果如下:

```
Volume: 960
```

和大多数编程语言一样,C 语言中的用来临时存储数据的存储单元被称为变量(variable),如程序 e3-2.c 中的变量 height、length、width、volume。

3.2.1 变量的类型

每一个变量都必须有一个类型(type),类型用来说明变量所存储数据的种类。C 语言拥有多种类型,类型的不同会影响变量的存储方式以及允许对变量进行的操作,所以选择合适的类型是非常关键的。数值型变量的类型决定了变量所能存储的最大值和最小值,同时也决定了是否允许在小数点后出现数字。这里我们先介绍两种类型的变量:整型(int)和浮点型(float)。

整型变量可以存储整数,如程序 e3-2.c 中的变量 height、length、width、volume 分别存储 8、12、10。整数的取值范围是受限制的,浮点型变量可以存储比整型变量大得多的数值,而且浮点型变量可以存储带小数位的数,如 8.12、12.65、10.83。进行算术运算时浮点型变量通常比整型变量慢,而且所存储的浮点型数值也可能是舍入后实际数值的近似值。

3.2.2 声明

声明是为编译器所做的描述,在使用变量之前必须对变量进行声明:首先指定变量的

类型，然后为变量命名。

- 每一条完整的声明语句都要以分号结尾。例如：

```
int height;
```

这一条语句声明 height 是一个整型变量，也即变量 height 将存储一个整数。

- 如果几个变量具有相同的类型，可以合并声明它们，例如：

```
int height, length, width, volume;
```

- 变量在赋值或以其他方式使用之前必须先声明。也就是说，我们可以这样写：

```
int height;
height= 8;
```

但下面这样写是不允许的：

```
height= 8;                              //错误
int height;
```

- main 函数的花括号中包含对一个变量的声明，必须把声明放在操作该变量的语句之前，一般格式为：

```
int main (void)
{
  声明
  语句
}
```

- C99 允许把不同变量的声明放在不同的位置，例如，main 函数中可以先有一个变量 a 的声明，后面跟着是对该变量 a 操作的语句；然后再对另一个变量 b 声明，继而是对变量 b 进行操作的语句。为了养成整洁清晰的编程习惯，不建议初学者使用这种声明方式。

3.2.3　初始化与赋值

没有默认值并且尚未在程序中被赋值的变量是未初始化的(uninitialized)。如果试图访问未初始化的变量，可能会得到不可预知的结果及没有意义的数值，甚至导致程序崩溃。

初始化既可以单独使用赋值语句给变量赋初始值，也可以在变量声明中加上赋值表达式给变量赋初始值。例如，可以使用赋值语句给变量初始化。

```
int height, length, width, volume;
height= 8;
length= 12;
width= 10;
```

也可以在变量声明中给变量进行初始化。

```
int height= 8, length= 12, width= 10, volume;
```

在上面这个语句中，变量 height、length、width 都被初始化了，而变量 volume 仍未被初始化，这是允许的。

把数值 8、12 和 10 分别赋值给变量 height、length 和 width，这里，8、12、10 称为常量(constant)。正常情况下，要将 int 型的值赋给 int 型的变量，将 float 型的值赋给 float 型的变量。混合类型赋值，例如，把 int 型的值赋给 float 型变量，或者把 float 型的值赋给 int 型变量，都是可以的，但不一定安全。

一旦变量被赋值，就可以用它来计算其他变量的值。例如：

```
height = 8;
length = 12;
width = 10;
volume = height * length * width;        //volume 现在是 960
```

上述语句把存储在 height、length、width 这 3 个变量中的数值相乘，然后把运算结果赋值给变量 volume。

3.2.4 显示/输出

- 用 printf 函数可以显示出变量的当前值。以 e3-2.c 为例，通过调用 printf 函数来实现在屏幕显示变量 volume 的值：

```
printf ("Volume: %d\n", volume);
```

占位符%d 用来指明在显示过程中变量 volume 值的类型和显示位置。%d 后面的换行符"\n"说明 printf 函数在显示完 volume 的值后会跳到下一行。

- %d 用于显示 int 型变量，%f 用于显示 float 型变量。默认情况下，%f 会显示出小数点后 6 位数字。如果要强制显示小数点后 p 位数字，可以把.p 放置在%和 f 之间。例如，如果要显示信息：

```
Volume : 960.00
```

可以把 printf 函数写为如下形式：

```
printf ("Volume: %.2f\n", volume);
```

- C 语言没有限制调用一次 printf 函数可以显示变量的数量。例如，为了同时显示变量 height、length、width、volume 的值，可以使用下面的 printf 函数调用语句：

```
printf ("Height: %d, Length: %d, Width: %d, Volume: %d\n", height, length, width,
volume);
```

- printf 函数的功能不仅可以显示变量中存储的数值，还可以显示任意数值表达式的值。有时候可以利用这一特性简化程序，减少变量的数量。例如：

```
volume= height * length * width;
printf ("Volume: %d\n", volume);
```

可以用以下形式代替：

```
printf ("Volume: %d\ n", height * length * width);
```

3.2.5　读入/输入

程序 e3-2.c 只能计算出长、宽、高分别为 12、10、8 的箱子的体积。我们可以改进程序，使用户能够通过自行输入长、宽、高的尺寸运行程序并计算体积。可以使用 scanf 函数从键盘输入长、宽、高的尺寸。

- scanf 函数是 C 函数库中与 printf 相对应的标准输入函数，即从键盘输入（printf 为从屏幕输出）。
- scanf 函数中的字母 f 和 printf 函数中的字母 f 含义相同，都是表示“格式化”的意思。scanf 函数和 printf 函数都需要使用格式串（format string）来指定输入或输出数据的形式，因而，scanf 函数需要指定输入数据的格式，而 printf 函数需要指定输出数据的显示格式。例如，调用 scanf 函数读入一个 int 型数值并赋值给变量 i（或者说存储到变量 i 的存储单元中）：

```
scanf ("%d", &i);                    //读入一个整数值并存入 i 变量中
```

其中，字符串“%d”说明通过 scanf 函数输入一个整数。而 i 是一个 int 型变量，用来存储利用 scanf 函数读入的数值。& 为地址运算符，表示变量 i 在存储单元的地址，意思是利用 scanf 函数读入的数值存储到地址为 &i 的变量 i 中。& 在使用 scanf 函数时通常是（但不总是）必需的。

下面的语句通过调用 scanf 函数读入一个 float 型数值赋值给变量 x（或者说存储到变量 x 的存储单元中）：

```
scanf ("%f", &x);                    //读入一个浮点型变量的值并存储到 x 变量中
```

这个语句中的 x 是一个 float 型变量，%f 用于 float 型变量。

这样，程序 e3-2.c 就可以改进为以下程序 e3-3.c。

例 3-3　从键盘输入一个箱子的长、宽、高，求出体积后，从屏幕显示结果。

编写程序（e3-3.c）：

```
#include <stdio.h>
int main ( )
{
  int height, length, width, volume, weight;
  printf ("Enter the height of box: ");
  scanf ("%d", &height);
  printf ("Enter the length of box: ");
  scanf ("%d", &length);
  printf ("Enter the width of box: ");
  scanf ("%d", &width);
  volume= height * length * width;
  printf ("Volume is: %d\n", volume);
```

```
    return 0;
}
```

运行结果如下：

```
Enter height of box: 8
Enter length of box: 12
Enter width of box: 10
Volume is: 960
```

运行结果中标注下画线的内容表示从键盘输入的内容。

3.3 用 printf 函数和 scanf 函数格式化输出和输入

在 C 程序中用来实现输出和输入的主要是输出和输入函数，即 printf 函数和 scanf 函数。用这两个函数时，程序设计人员必须指定输入/输出数据的格式，即根据数据的不同类型指定不同的格式。

3.3.1 printf 函数

printf 函数(格式输出函数)表示向系统指定的输出设备输出若干个任意类型的数据，它的一般格式为：

```
printf (格式控制, 输出列表)
```

括号内包括两部分：格式控制和输出列表。分别说明如下。

(1) 格式控制(又称格式串)是用双撇号括起来的一个字符串，它包括普通字符和格式声明。

- 普通字符即需要在输出时原样输出的字符。例如，printf 函数中双撇号内可以包括逗号、空格和换行符，也可以包括其他字符。
- 格式声明(又称转换说明)由字符 %、格式字符、附加字符组成，如 %d、%f 等。格式声明的作用是将输出的数据转换为指定的格式并输出。附加字符用来表示输出数据的最小字段宽度和精度。

(2) 输出列表是程序需要输出的一些数据，可以是常量、变量或表达式。用 printf 函数一次可以显示的数据个数没有限制。

1. 格式声明

格式声明将输出数据进行格式化输出，声明中的附加字符包括最小字段宽度和精度两种，最小字段宽度指定要显示的最少字符数量，精度用来指定数据宽度和小数位数。格式声明中的格式字符常用的有以下几种。

- d 格式符：用来输出一个有符号的十进制整数。
- c 格式符：用来输出一个字符。
- s 格式符：用来输出一个字符串。
- f 格式符：用来输出实数（包括单、双精度、长双精度），以小数形式输出，有几种用法。
  - 基本型用%f，不指定输出数据的长度，由系统根据数据的实际情况决定数据所占的列数。系统处理的方法一般是：实数中的整数部分全部输出，小数部分输出 6 位。
  - 指定数据宽度和小数位数用%m.nf。
  - 输出的数据向左对齐用%－m. nf。
- e 格式符：用格式声明%e 指定以指数形式输出实数。
- o 格式符：以八进制整数形式输出。
- x 格式符：以十六进制整数形式输出。
- u 格式符：用来输出无符号(unsigned)型数据，以十进制整数形式输出。
- i 格式符：它的作用与 d 格式符相同，按十进制整型数据的实际长度输出。一般习惯用%d，而很少用%i。
- g 格式符：用来输出浮点数，系统自动选 f 格式或 e 格式输出，可以选择其中长度较短的格式，不输出无意义的 0。

2. 转义字符

格式串中可以包含转义字符。常用的转义字符有以下几种。

- 警报(响铃)符：\a。
- 回退符：\b。
- 换行符：\n。
- 水平制表符：\t。

当这些转义字符出现在 printf 函数的格式串中时，它们表示在输出时要执行的操作。在大多数机器上，输出\a 会产生一声鸣响，输出\b 会使光标从当前位置回退一个位置，输出\n 会使光标跳到下一行的起始位置，输出\t 会把光标移动到下一个制表符的位置。字符串可以包含任意数量的转义序列。

3.3.2　scanf 函数

scanf 函数可以根据特定的格式读取输入数据，它的一般格式为：

```
scanf (格式控制, 地址列表)
```

格式控制（又称格式串）的含义同 printf 函数，也可以包含普通字符和格式声明两部分。地址列表是由若干个地址组成的表，可以是变量的地址或字符串的首地址。

1. 格式声明

scanf 函数中的格式声明与 printf 函数中的相似，以 % 开始，以一个格式字符结束，中间可以插入附加的字符。

2. 普通字符

处理格式串中的普通字符时，scanf 函数采取的动作依赖于这个字符是否为空白字符。

(1) 空白字符。当在格式串中遇到一个或多个连续的空白字符时，scanf 函数从输入中重复读空白字符，直到遇到一个非空白字符为止。格式串中空白字符的数量无关紧要，格式串中的一个空白字符可以与输入中任意数量的空白字符相匹配。

(2) 其他字符。当在格式串中遇到非空白字符时，scanf 函数将把它与下一个输入字符进行比较。如果两个字符相匹配，那么 scanf 函数会继续处理格式串；如果两个字符不匹配，那么 scanf 函数会异常退出，不会进一步处理格式串或者从输入中读取字符。例如，假设格式串是"%d/%d"，如果输入是

```
5/ 96
```

在寻找整数时，scanf 函数会跳过第一个空格，把%d 与 5 相匹配，把/与/相匹配，在寻找下一个整数时跳过一个空格，并且把 %d 与 96 相匹配。另外，如果输入仍是上面的内容，scanf 函数会跳过一个空格，把%d 与 5 相匹配，然后试图把格式串中的"/"与输入中的空格相匹配，但是二者不匹配，所以 scanf 函数不再继续读取而异常退出。为了允许第一个数后边有空格，可以使用格式串"%d /%d"。

3. 使用 scanf 函数时应注意的问题：

(1) scanf 函数中的格式串后面应当是变量地址，而不是变量名。例如，若 i、j、k 为整型变量，如果写成"scanf("%d%d%d", i, j, k);"是不对的。应将"i,j,k"改为"&i, &j, &k"。许多初学者常犯类似的错误。

(2) 如果在格式串中除了格式声明以外还有其他字符，则在输入数据时在对应的位置上应输入与这些字符相同的字符。例如，如果有"scanf ("i=%d, j=%d, k=%d", &i, &j, &k);"，在输入数据时，应在对应的位置上输入同样的字符，即

```
i=1, j=3, k=2
```

如果输入

```
132
```

就错了。因为系统会把它和 scanf 函数中的格式字符串逐个字符对照检查的，只会在%d 的位置上用一个整数数值代替。另外，在 i=1 的后面输入一个逗号，是因为需要与 scanf 函数格式串中的逗号对应。如果输入时不用逗号而用空格或其他字符是不对的，例如，输入为"i=1 j=3 k=2"是不对的。如果 scanf 函数为"scanf("i=%d, j=%d, k=%d", &i, &j, &k);"，由于在两个%d 间有两个空格，因此在输入时，两个数据间应有两个或更多的空格字符：

```
i=1,  j=3,  k=2
```

如果是"scanf("%d: %d: %d: ", &i, &j, &k);"，输入应该用以下形式：

```
1: 3: 2:
```

(3) 在用%c 格式声明输入字符时,空格字符和转义字符都作为有效字符输入,因而在连续输入字符时,在两个字符之间不要插入空格或其他分隔符,系统才能区分这两个字符;除非在 scanf 函数中的格式串中有普通字符,这时在输入数据时要在原位置插入相同的普通字符。例如,在执行"scanf("%c%c%c", &c1, &c2, &c3);"函数时,应该连续输入 3 个字符,中间不要有空格:

```
abc
```

否则,系统会误认为空格字符也是输入的字符,例如:

```
a b c
```

上面的输入将把字符'a'赋值给字符变量 c1,而输入字符中第 2 个空格字符' '则赋值给了字符变量 c2,'b'赋值给了字符变量 c3,而并非将'a'、'b'、'c'分别赋值给 c1、c2、c3。

(4) 与输入字符不同,在输入数值时则需要在两个数之间插入空格,以使系统能区分两个数值。

(5) 在输入数值数据时,如遇非法字符(即不属于数值的字符),系统则会结束读取数据而异常退出,如输入了非法的空格、回车、Tab 键等。对于输入函数"scanf("%d%f", &i, &x);",若输入

```
1234,1230.26
```

则将 1234 赋值给变量 i,但是 1234 后面出现了非法字符",",则系统不再读取数据。

3.3.3 易混淆的 printf 函数和 scanf 函数

虽然 scanf 函数调用和 printf 函数调用看起来很相似,但两个函数之间有很大的差异。

(1) 一个常见的错误是在 printf 函数调用时在变量前面放置 &,例如:

```
printf ("%d%d\n", &i, &j);                    //错误
```

(2) 在寻找数据项时,scanf 函数通常会跳过空白字符。所以除了格式声明,格式串常常不需要包含字符。假设 scanf 格式串应该类似于 printf 格式串是另一个常见错误,这种不正确的假定可能引发 scanf 函数行为异常。例如,对于"scanf ("%d,%d", &i, &j);",scanf 函数首先寻找输入中的整数,把这个整数存入变量 i 中;然后 scanf 函数将试图把逗号与下一个输入字符相匹配,此时如果对应输入的字符是空格而不是逗号,那么 scanf 函数将终止操作,而不再读取变量 j 的值。

(3) printf 格式串经常以\n 结尾,但是在 scanf 格式串末尾的换行符等价于空白字符,它会使 scanf 函数在读操作中略去输入中的一个或多个空白字符,只有再输入一个非空白符才能终止 scanf 的输入。

例 3-4 从键盘输入两个分数,对两个分数进行加运算,从屏幕显示结果。

编写程序(e3-4.c):

```
/*添加两个函数*/
```

```
#include <stdio.h>
int main( )
{
  int num1, denom1, num2, denom2, result_num, result_denom;
  printf ("Enter first fraction:");
  scanf ("%d/%d", &num1 , &denom1);
  printf ("Enter second fraction:");
  scanf ("%d/%d", &num2, &denom2);
  result_num = num1 * denom2 + num2 * denom1;
  result_denom = denom1 * denom2;
  printf("The sum is %d/%d\n", result_num, result_denom);
  return 0;
}
```

运行结果如下：

```
Enter first fraction: 5/6
Enter second fraction: 3/4
The sum is 38/24
```

注意：结果并没有化为最简分数。

3.4 字符的输入/输出

如前所述，转换说明 %c 允许 scanf 函数和 printf 函数对单个字符进行读/写操作，例如：

```
char ch;
scanf ("%c", &ch);
printf ("%c", ch);
```

C 语言还提供了另外一些读/写单个字符的方法，比如，可以使用 getchar 函数和 putchar 函数输入和输出单个字符。

3.4.1 putchar 函数

为了向计算机输出一个字符，可以调用系统函数库中的 putchar 函数(字符输出函数)，putchar 函数用于写单个字符，它的一般形式为：

```
putchar (ch);
```

putchar(ch)函数的作用是输出字符变量 ch 的值，显然它是一个字符。

例 3-5 先后从屏幕显示 Good 这四个字符。

编写程序(e3-5.c)：

```
#include <stdio.h>
int main ( )
{
  char a= 'G', b= 'o', c= 'o', d= 'd';
  putchar(a);
  putchar(b);
  putchar(c);
  putchar(d);
  putchar ('\n');
  return 0;
}
```

运行结果如下：

```
Good
```

3.4.2　getchar 函数

为了向计算机输入一个字符,可以调用系统函数库中的 getchar 函数(字符输入函数),它的一般形式为：

```
getchar( );
```

getchar 函数的值就是从输入设备得到的字符。getchar 函数只能接收一个字符。如果想输入多个字符,就要用多个 getchar 函数。

例 3-6　从键盘输入 Good 这 4 个字符,然后从屏幕显示这 4 个字符。

编写程序(e3-6.c)：

```
#include <stdio.h>
int main( )
{
  char a, b, c, d;
  a=getchar( );
  b=getchar( );
  c=getchar( );
  d=getchar( );
  putchar(a);
  putchar(b);
  putchar(c);
  putchar(d);
  putchar('\n');
  return 0;
}
```

运行结果如下：

```
Good
Good
```

注意：执行程序时，使用 getchar 函数和 putchar 函数比 scanf 函数和 printf 函数节约时间，其原因是：第一，这两个函数比 scanf 函数和 printf 函数简单得多，因为 scanf 函数和 printf 函数是设计用来按不同的格式读/写多种不同类型数据的；第二，为了额外的速度提升，通常 getchar 函数和 putchar 函数是作为宏来实现的。

实　　验

1. 实验目的

(1) 掌握C语言中使用最多的赋值语句的使用方法。

(2) 掌握各种类型数据的输入/输出的方法，能正确使用各种格式转换符。

(3) 进一步掌握编写程序和调试程序的方法。

2. 实验要求

(1) 使用顺序结构编写程序。

(2) 上机输入源程序并运行程序。

(3) 调试程序直至得到正确结果。

3. 实验内容

(1) 输入以下程序，观察运行结果。

```
#include <stdio.h>
int main( )
{
  int a, b;
  float d, e;
  char c1, c2;
  double f, g;
  long m,n;
  unsigned int p,q;
  a=61; b=62;
  c1='a'; c2='b';
  d=3.56; e=6.87;
  f=3157.890121;
  g=2.123456;
  m=50000; n=-60000;
```

```
  p=32726; q=40098;
  printf ("a=%d,b=%d\nc1=%c,c2=%c\nd=%6.2f,e=%6.2f\n", a,b,c1,c2,d,e);
  printf ("f=%e,g=%15.8f\nm=%ld,n=%ld\np=%u,q=%u\n",f, g,m,n,p,q);
}
```

(2) 将 DISK 译成密码,然后从屏幕显示出密码。密码规律是将这 4 个字母分别用其前面的第 3 个字母代替。

(3) 已知国民生产总值年增长率为 r,n 年后国民生产总值增长的倍数为$(1+r)^n$ 倍。设 $r=10\%$,$n=15$,用 power 函数求增长的倍数,然后从屏幕显示结果。

本实验答案

练　　习

1. 简答题

(1) 最简单的 C 程序包含哪几个语言特性?请解释其含义。

(2) 解释函数、库函数、主函数的含义。

2. 编程题

(1) 将 Girl 译成密码,然后从屏幕显示出密码。密码规律是将这 4 个字母用其各自后面的第 5 个字母代替。

(2) 用 getchar 函数读入两个字符并赋值给字符变量 c1 和 c2,然后再分别用 putchar 函数和 printf 函数从屏幕显示出这两个字符。

(3) 从键盘输入圆半径和圆柱高,分别求出圆周长、圆面积、圆球表面积、圆球体积、圆柱体积,将结果用屏幕显示出来。

本练习答案

第4章 选择结构

本章学习要点：

(1) if语句是用来实现两个分支的选择结构；

(2) switch语句是用来实现多个分支的选择结构。

4.1 if语句

if语句允许程序通过测试表达式的值从两种选项中选择一种。if语句的一般形式如下：

```
if(表达式) 语句1
[ else 语句2 ]
```

if语句中的表达式可以是关系表达式、逻辑表达式、算术表达式。else语句是可选的。语句1、语句2既可以是一个简单语句，也可以是一个复合语句，包括嵌套了另一个if语句。

注意：

- 当语句1、语句2为复合语句时，会用一对花括号{}包围起来。
- 表达式两边的圆括号是必需的。
- 执行if语句时，先计算圆括号内表达式的值。如果表达式的值为非零值(即为"真")，那么接着执行圆括号后边的语句。例如：

```
if (num = = MAX)
  num = 0;
```

如果条件num = = MAX为真(即执行该条件语句的结果为非零值)，那么执行语句"num=0;"，即变量num的值重新赋值为0。

- 不要混淆等号运算符(= =)和赋值运算符(=)。if (i = = 0)语句的意思是判断变量i的值是否等于0；而if(i=0)语句的意思则是先把0赋值给变量i，然后再判断赋值表达式i=0的结果是否为真(即是否为非零值)。显然，对于语句i=0的判断结果总是为假。
- if语句中的表达式能判定变量是否落在某个数值范围内。例如，为了判定0<=i<n是否成立，可以写成if (0<= i&& i<n)。为了判定相反的情况(i在范围之外)，可以写成if (i < 0 || i >= n)。

例 4-1　从键盘输入两个实数,从小到大排序后,从屏幕显示结果。
编写程序(e4-1.c):

```
#include <stdio.h>
int main()
{
  float a,b,t;
  scanf("%f,%f",&a,&b);
  if (a>b)
    {
      t=a;
      a=b;
      b=t;
    }
  printf("%5.2f,%5.2f\n",a,b);
  return 0;
}
```

运行结果如下:

```
5.6,8.9
 5.60, 8.90
```

根据 if 语句的一般形式,if 语句可以写成不同的形式,常用的有以下 4 种形式。
(1) 只有 if 语句。

```
if(表达式) 语句
```

(2) 简单的 if-else 语句。

```
if(表达式) 语句 1
else 语句 2
```

(3) 级联式 if 语句:即在 else 部分又嵌套了多层的 if 语句。

```
if(表达式 1) 语句 1
else if(表达式 2) 语句 2
else if(表达式 3) 语句 3
else 语句 4
```

(4) 嵌套的 if 语句,即 if 语句和 else 语句中又分别嵌套了 if-else 语句。

```
if(表达式 1)
  if(表达式 2) 语句 1
  else 语句 2
else
  if(表达式 3) 语句 3
  else 语句 4
```

注意：if 与 else 配对时，else 总是与它上面的最近的未配对的 if 配对。

例 4-2 从键盘输入一个实数，根据符号函数从屏幕显示其函数值。符号函数为：

$$y=\begin{cases}1 & x>0\\0 & x=0\\-1 & x<0\end{cases}$$

编写程序(e4-2.c)：

```
#include <stdio.h>
int main()
{
  float x,y;
  scanf("%f",&x);
  if(x<0)
    y=-1;
  else
    if(x==0) y=0;
    else y=1;
  printf("x=%f,y=%f\n",x,y);
  return 0;
}
```

运行结果如下：

```
8.5
x=8.500000,y=1.000000
```

4.2 switch 语句

C 语言提供 switch 语句处理多分支选择，switch 语句往往比级联式 if 语句更容易阅读。此外，switch 语句在有许多种情况需要判断时比 if 语句执行速度快。switch 语句的一般形式为：

```
switch (表达式)
{
  case 常量表达式 1: 语句 1
  case 常量表达式 2: 语句 2
  default: 语句 3
}
```

下面逐一看一下 switch 语句的组成部分。

(1) switch 表达式：switch 后边必须跟着由圆括号括起来的整型表达式。C 语言把字符当成整数来处理，因此在 switch 语句中也可以对字符进行判定。但是，不能用浮点数和字符串。

(2) 常量表达式：case 和 default 都起标号的作用。case 标号后面的常量表达式的值必须是整数或字符，但不能包含变量和函数调用。例如，5 是常量，5+10 也是常量，但 n+10 不是常量(除非 n 是符号常量)。default 标号表示如果没有与 switch 表达式相匹配的 case 常量，则转到执行 default 后面的语句。

(3) 语句：每个分支标号的后边可以跟任意数量的语句，且不需要用花括号把这些语句括起来。每组语句的最后一条通常是 break 语句。

注意：

(1) C 语言不允许有重复的分支标号，但对分支的顺序没有要求，特别是 default 分支不一定要放置在最后。

(2) case 后边只可以跟随一个常量表达式。但多个分支标号可以放置在同一组语句的前面。例如：

```
switch (grade)
{
  case 4:
  case 3:
  case 2:
  case 1: printf ("Passing"); break;
  case 0: printf ("Failing"); break;
  default: printf ("Illegal grade");
}
```

为了节省空间，可以把几个分支标号放置在同一行中写成：

```
switch (grade)
{
  case 4: case 3 : case 2 : case 1:
  printf ("Passing"); break;
  case 0: printf ("Failing"); break;
  default: printf ("Illegal grade");
}
```

(3) C 语言没有表示数值范围的分支标号。

(4) switch 语句不要求一定有 default 分支。如果 default 不存在，而且 switch 表达式的值和任何一个分支标号都不匹配，会直接执行 switch 语句块后面的第一条语句。

下面是使用 switch 语句替代级联式 if 语句来实现上述编程示例：

```
switch (grade)
{
  case 4: printf("Excellent"); break;
  case 3: printf ("Good"); break;
  case 2: printf ("Average"); break;
  case 1: printf ("Poor"); break;
  case 0: printf ("Failing"); break;
```

```
default: printf ("Illegal grade");
}
```

执行这条语句时，变量 grade 的值分别与 4、3、2、1 和 0 进行比较。例如，如果值和 4 相匹配，那么显示信息 Excellent，然后执行 break 语句跳出 switch 结构，再执行 switch 语句块后边的第一条语句。如果 grade 的值和列出的任何选择都不匹配，那么执行 default 分支的语句，显示 Illegal grade。

break 语句的作用：执行 break 语句会使得程序“跳”出 switch 语句块，继续执行 switch 后面的第一条语句。如果没有 break 语句，程序将会从一个分支继续执行到下一个分支，如下面的 switch 语句：

```
switch (grade)
{
  case 4 : printf ("Excellent");
  case 3 : printf ("Good");
  case 2 : printf ("Average");
  case 1 : printf ("Poor");
  case 0 : printf ("Failing");
  default : printf("Illegal grade");
}
```

如果 grade 的值为 3，那么程序运行结果为：

```
GoodAveragePoorFailingIllegal grade
```

例 4-3 对两个实数进行加或乘的运算，从键盘输入 a 或 A 表示进行加运算，输入 m 或 M 表示进行乘运算，结果从屏幕显示出来。

编写程序(e4-3.c)：

```
#include <stdio.h>
int main()
{
  void action1(float,float),action2(float,float);
  charch;
  float x=8.9,y=5.6;
  ch=getchar();
  switch(ch)
  {
    case 'a':
    case 'A': action1(x,y);break;
    case 'm':
    case 'M': action2(x,y);break;
    default: putchar('\a');
  }
  return 0;
}
```

```
void action1(float a,float b)
{
  printf("x+y=%f\n",a+b);
}
void action2(float a,float b)
{
  printf("x*y=%f\n",a*b);
}
```

运行结果如下：

```
m
x*y=49.839997
```

实　　验

1. 实验目的

(1) 了解 C 语言表示逻辑量的方法(以 0 代表“假”,以非 0 代表“真”)。
(2) 学会正确使用逻辑运算符和逻辑表达式。

2. 实验要求

(1) 使用选择结构编写程序。
(2) 上机输入源程序并运行程序。
(3) 调试程序直至得到正确结果。

3. 实验内容

(1) 从键盘输入 4 个整数,从小到大排序,然后将排好序的整数从屏幕显示出来。

(2) 从键盘输入一个百分制的成绩,对应百分制成绩求出其五级制成绩,并将结果从屏幕显示出来。百分制与五级制成绩对应规则为：90 分以上为 A,81～89 分为 B,70～79 分为 C,60～69 分为 D,60 分以下为 E。

(3) 求方程 $ax^2+bx+c=0$ 的解。从键盘输入实数 a、b、c 的值,根据 b^2-4ac 的三种情况求解,同时将解用屏幕显示出来。

本实验答案

练　习

1. 概念题

(1) 设 a=3,b=4,c=5,写出下面各逻辑表达式的值。

① a+ b>c && b= =c

② a || b+c && b−c

③ !(a>b) && !c || 1

④ !(x=a) &&(y=b) && 0

⑤ !(a+ b) +c−1&&b+c/4

(2) C 语言有哪两种选择语句?

(3) switch 语句中的 case 和 default 都起什么作用? break 语句有什么作用?

2. 编程题

(1) 从键盘输入三个实数,从三个实数中求出最大的数,并将其在屏幕上显示出来。

(2) 从键盘输入实数 x 的值,根据以下函数求出 y 的值,同时从屏幕显示结果。

$$y=\begin{cases}4.5 * x+6 & (x<2)\\ 6.2 * x-2 & (2\leqslant x<20)\\ 1.8 * x-1 & (x\geqslant 20)\end{cases}$$

(3) 从键盘输入一个实数,如果该实数大于 M 的 ASCII 值,则重新输入;否则用 sqrt 函数求该实数的平方根,然后用屏幕显示结果。

本练习答案

第5章　循环结构

本章学习要点：

（1）while 语句对应的循环结构。

（2）do-while 语句对应的循环结构。

（3）for 语句对应的循环结构。

5.1　while 语句

循环(loop)是重复执行循环体中语句的一种结构。在 C 语言中，每个循环都有一个条件表达式，每次执行循环体(即循环重复一次)时都要对条件表达式求值。如果表达式为非零值(即为真)，则继续执行循环；否则(即表达式的值为假)就跳出循环并执行循环结构后面的语句。

C 语言提供了 3 种循环语句：while 语句、do-while 语句和 for 语句。while 语句是在执行循环体之前判断条件表达式，do-while 语句是在执行一次循环体之后判断条件表达式，for 语句则适合那些递增或递减计数变量的循环。

下面先介绍 while 语句。

while 语句的一般形式为：

```
while (表达式) 语句
```

括号内的“表达式”为条件表达式，表达式两边的圆括号必须有。圆括号后边的“语句”是循环体。例如：

```
while (i < n)
  i = i * 2;
```

执行 while 语句时，先判断条件表达式，如果值不为零(即为真)，那么执行循环体；然后再次判断表达式，直到控制表达式的值为零(即为假)才停止。简而言之，while 语句是只要当循环的条件表达式为真，就执行循环体语句。while 语句的特点是：先判断条件表达式，后执行循环体语句。例如，使用 while 语句计算大于或等于数 n 的最小的 3 的幂时的代码如下：

```
i = 1;
while (i < n)
  i = i * 3;
```

设n为80,则下面的过程显示了执行while语句时的情况。

(1) i = 1;　　　　　　　　　　//i现在的值为1
(2) i < n成立吗?　　　　　　　//是的,继续
(3) i = i * 3;　　　　　　　　//i现在的值为3
(4) i < n成立吗?　　　　　　　//是的,继续
(5) i = i * 3;　　　　　　　　//i现在的值为9
(6) i < n成立吗?　　　　　　　//是的,继续
(7) i = i * 3;　　　　　　　　//i现在的值为27
(8) i < n成立吗?　　　　　　　//是的,继续
(9) i = i * 3;　　　　　　　　//i现在的值为81
(10) i < n成立吗?　　　　　　 //不成立,退出循环。循环结束时i的值为81

注意:只有在条件表达式i<n为真的情况下循环才会继续。当表达式值为假时,循环终止,即此时i的值是大于或等于n的。

循环体可以是单独的一条语句,也可以是多条语句。循环体是多条语句时,用一对花括号将它们包围成一个复合语句。例如,下面的循环结构显示一串"倒计数"信息:

```
i=10;
while (i > 0) {
  printf ( "i= %d\n", i);
  i--;
}
```

在while语句执行前,变量i被赋值为10,因为10大于0,所以执行循环体,屏幕显示如下信息。

```
i=10
```

接着变量i进行自减。

第二次循环再次判定条件i>0,因为9大于0,所以再次执行循环体。每次执行循环体时都显示信息,直到i自减到值为1时,屏幕显示如下信息。

```
i=1
```

变量i的值自减为0时,此时再次判定条件i>0的结果为假,循环结束。

注意:

- 在while语句的循环终止时,条件表达式的值为假。例如,上例由表达式i>0控制的循环终止时,i一定是小于或等于0的,否则还将继续执行循环。
- 有可能根本不执行while语句的循环体。例如,如果上例第一次进入倒计数循环时,变量i的值是负数或零,那么将不会执行循环体。
- while语句可以有多种写法。例如,变量i自减操作可以放到printf函数调用的内部进行,即"while (i > 0) printf("i=%d\n", i--);",这样循环体看上去较为简洁。

- 在循环体中应有使循环趋向于结束的语句。例如，上例结束循环的条件是 i<0，因此在循环体中应该有使 i 减值以最终导致 i<0 的语句，如程序中的“i——；”语句。如果没有此语句，则 i 的值始终不变，循环永远不会结束。

例 5-1　用 while 循环求整数 1～*N* 的和。

编写程序(e5-1.c)：

```
#include <stdio.h>
#define N 200
int main()
{
  int i=1,sum=0;                //定义变量 i 的初值为 1,sum 的初值为 0
  while (i<=N)                  //当 i>N,条件表达式 i<=N 的值为假,不执行循环体
  {                             //循环体开始
    sum=sum+i;                  //第一次累加后,sum 的值为 1
    i++;                        //加完后,i 的值加 1,为下次累加作准备
  }                             //循环体结束
  printf("sum=%d\n",sum);       //输出 1+2+3+…+N 的累加和
  return 0;
}
```

运行结果如下：

```
sum=20100
```

5.2　do-while 语句

do-while 语句的条件表达式是在每次执行完循环体之后进行判定的，它的一般形式为：

```
do 语句 while (表达式);
```

do-while 语句的表达式(即条件表达式)外面必须有圆括号，do 后面的“语句”是循环体，它可以是一条语句或一个复合语句。

执行 do-while 语句时，先执行循环体，再计算条件表达式的值。如果表达式的值为真(非零值)，则再次执行循环体，然后再次计算条件表达式的值。直到条件表达式的值变为零，则结束 do-while 语句的执行并终止循环。例如，使用 do-while 语句重写前面的“倒计数”程序。

```
i = 10;
do {
  printf ("i= %d\n", i);
  i--;
} while (i > 0);
```

执行 do-while 语句，进入循环体按顺序执行每条语句，则屏幕显示如下信息。

```
i=10
```

然后 i 自减变为 9。接着对条件 i>0 进行判定，此时 9 大于 0，所以再次执行循环体。每次执行循环体时，都要在屏幕显示信息且 i 自减。直到屏幕显示如下信息。

```
i=1
```

并且 i 自减变为 0。

再判定表达式 i>0 的值，此时为假，循环结束。

由此可见，do-while 语句和 while 语句的区别是：do-while 语句的循环体至少要执行一次，而 while 语句在表达式初始为 0 时会完全跳过循环体，即不执行循环体内的语句，而执行循环结构后面的语句。

另外，要求给所有的 do-while 语句都加上花括号，这是因为没有花括号的 do-while 语句很容易被误认为是 while 语句，例如：

```
do
printf ("i=%d \n", i --);
while (i > 0);
```

会让人误认为第三行是 while 语句的开始。

例 5-2 用 do-while 语句求整数 1～*N* 的和。

编写程序(e5-2.c)：

```
#include <stdio.h>
#define N 200
int main()
{
  int i=1,sum=0;
  do
  {
    sum=sum+i;
    i++;
  }while(i<=N);
  printf("%d\n",sum);
  return 0;
}
```

运行结果如下：

```
sum=20100
```

5.3 for 语句

for 语句是编写许多循环时比较好的方法，例如，可以用在使用“计数”变量的循环中。

for 语句的一般形式为：

```
for (表达式 1; 表达式 2; 表达式 3) 语句
```

for 语句中 3 个表达式的主要作用如下。

表达式 1：设置初始条件，只执行一次。可以为零个、一个或多个变量设置初值。

表达式 2：循环条件表达式，用来判定是否继续循环。在每次执行循环体前先执行此表达式，决定是否继续执行循环。

表达式 3：使循环趋向于结束的语句，例如，使循环变量增值或减值，它是在每次执行完循环体后进行的。例如：

```
for (i = 10; i > 0; i-- )
  printf ("i=%d\n", i);
```

在执行 for 语句时，变量 i 先初始化为 10，接着判定 i 是否大于 0。此时由于 i=10，判定的结果为真，所以屏幕显示如下信息。

```
i=10
```

然后执行表达式 3，变量 i 进行自减操作。接着，再次对条件 i > 0 进行判定。循环体总共执行 10 次，在这一过程中变量 i 从 10 变化到 1，条件表达式的值为真，屏幕显示如下信息。

```
i=1
```

然后 i 自减变为 0，对条件 i>0 进行判定，不符合条件则不执行循环体，循环结束。

5.3.1 for 语句的惯用法

对于变量自增或变量自减的循环共 n 次的情况，for 语句经常会采用下列形式中的一种。

(1) 从 0 自增到 n−1。

```
for (i = 0; i < n; i++)
```

(2) 从 1 自增到 n。

```
for (i = 1; i <= n; i ++)
```

(3) 从 n−1 自减到 0。

```
for (i = n - 1; i >= 0; i --)
```

(4) 从 n 自减到 1。

```
for (i = n; i >0; i --);
```

注意：模仿这些书写格式将有助于避免 C 语言初学者常犯的下面一些错误。

- 在条件表达式中把＞写成＜(或者相反)。可以看出，自增的循环使用运算符＜或运算符＜＝，而自减的循环则依赖于运算符＞或运算符＞＝。
- 条件表达式的值在循环开始时应该为真，最后会变为假，以便能终止循环。类似 i＝＝n 这样的判定没有意义。
- 如果误把条件表达式中的 i＜n 写成 i＜＝n(或相反)，会导致循环次数相差一次。

5.3.2 在 for 语句中省略表达式

通常 for 语句用三个表达式控制循环，但是有一些 for 语句的循环可能不需要这么多表达式，C 语言允许省略任意或全部的表达式。

注意：省略任意或全部的表达式时，表达式之间的分号不允许省略。

(1) 如果省略第一个表达式，那么在执行循环结构时没有初始化的操作，但是循环变量的初始化会在执行循环前完成。例如：

```
i = 10;
for (; i > 0; -- i)
  printf ("i=%d\n", i);
```

在这个例子中，for 语句省略了第一个表达式，但是变量 i 在执行循环结构前的赋值语句实现了初始化。

(2) 如果省略了 for 语句中的第三个表达式，即使循环趋向于结束的语句，则循环体内要有使循环趋向于结束的语句。例如，for 语句可以这样写：

```
for (i = 10; i > 0;)
  printf ("i=%d\n", i --);
```

省略第三个表达式后，变量 i 的自减在循环体中进行。

(3) 当 for 语句同时省略掉第一个和第三个表达式时，它和 while 语句没有任何分别。例如：

```
i=10;
for (; i > 0;)
  printf ("i=%d \n", i --);
```

等价于

```
i=10;
while (i > 0)
  printf ("i=%d \n", i --);
```

(4) 如果省略第二个表达式,则默认条件表达式的值为真,因此 for 语句循环不会终止,除非以某种其他形式停止循环。

例 5-3 用 for 循环求整数 1～N 的和。

编写程序(e5-3.c):

```
#include <stdio.h>
#define N 200
int main()
{
  int i, sum=0;
  for(i=1;i<=N;i++)
    sum=sum+i;
  printf("%d\n",sum);
  return 0;
}
```

运行结果如下:

```
sum=20100
```

5.4 循环的嵌套及循环比较

5.4.1 循环的嵌套

一个循环体内又包含另一个完整的循环结构,称为循环的嵌套。内嵌的循环中还可以嵌套循环,这就是多层循环。3 种循环语句(while 语句、do-while 语句和 for 语句)可以互相嵌套。

例 5-4 一个由整数构成的 4×5 矩阵,每个元素的值是矩阵的行号与列号相乘的积。用屏幕显示该矩阵。

编写程序(e5-4.c):

```
#include <stdio.h>
int main()
{
  int i,j,n=0;
  for (i=1;i<=4;i++)
    for (j=1;j<=5;j++,n++)
    { if(n%5==0)printf("\n");          //控制在输出 5 个数据后换行
      printf("%d\t",i*j);
    }
```

```
    printf("\n");
    return 0;
}
```

运行结果如下：

```
1  2  3   4   5
2  4  6   8   10
3  6  9   12  15
4  8  12  16  20
```

5.4.2 几种循环的比较

（1）3种循环都可以用来处理同一问题，一般情况下它们可以互相代替。

（2）在 while 语句和 do-while 语句中，只在 while 语句后面的括号内指定循环条件，因此为了使循环能正常结束，应在循环体中包含使循环趋于结束的语句(如 i++或 i=i+1等)。for 语句可以在表达式3中包含使循环趋于结束的操作，甚至可以将循环体中的操作全部放到表达式3中，因此 for 语句的功能更强。凡用 while 语句能完成的，用 for 语句都能实现。

（3）用 while 语句和 do-while 语句时，循环变量初始化的操作应在 while 语句和 do-while 语句之前完成。而 for 语句可以在表达式1中实现循环变量的初始化。

（4）while 语句、do-while 语句和 for 语句都可以用 break 语句跳出循环，用 continue 语句结束本次循环。

5.5 退出循环

我们已经知道编写循环程序时，在循环体之前(使用 while 语句和 for 语句)或之后(使用 do-while 语句)设置退出点的方法。然而，有时也需要在循环中间设置退出点，甚至可能需要对循环设置多个退出点。break 语句可用于有上述这些需求的循环中。与 break 语句相关的两个语句是 continue 语句和 goto 语句。continue 语句会跳过某次迭代的部分内容，但是不会跳出整个循环；goto 语句允许程序从一条语句跳转到另一条语句。由于已经有了 break 和 continue 这样有效的语句，所以很少使用 goto 语句，且我们前面说过，结构化程序不提倡使用 goto 语句。

5.5.1 break 语句

break 语句除了可以在前面讨论过的把程序控制从 switch 语句中转移出来的方法，它还可以用于跳出 while 语句、do-while 语句或 for 语句的循环。

假设要编写一个程序来测试数 n 是否为素数。我们计划编写一个 for 语句，用 n 除以 $2 \sim n-1$ 的所有数，一旦发现有约数就跳出循环，不需要继续尝试下去。在循环终止后，可以用一个 if 语句来确定循环是提前终止（n 不是素数）还是正常终止（n 是素数）。程序如下：

```
for (d = 2; d < n; d++)
  if (n %d == 0)
    break;
if (d < n)
  printf ("%d is divisible by %d\n", n, d);
else
  printf ("%d is prime\ n", n);
```

对于退出点在循环体的中间而不是循环体之前或之后的情况，break 语句特别有用。读入用户输入并且在遇到特殊输入值时终止的循环常常属于这种类型，代码如下：

```
for (; ;)
{
  printf ("Enter a number (enter 0 to stop): ");
  scanf ("%d", &n);
  if (n == 0)
    break;
  printf ("%d cubed is %d\n", n, n*n*n);
}
```

break 语句把程序控制从包含该语句的最内层的 while、do、for 或 switch 语句中转移出来。因此，当这些语句出现嵌套时，break 语句只能跳出一层嵌套。看一下 switch 语句嵌在 while 语句中的情况：

```
while ( ... ) {
  switch ( ... ) {
    ...
    break;
    ...
  }
}
```

break 语句可以把程序控制从 switch 语句中转移出来，却不能跳出 while 语句的循环。

5.5.2　continue 语句

(1) continue 语句只结束本次循环，而不是终止整个循环的执行；而 break 语句则是结束整个循环过程，不再判断执行循环的条件是否成立。因此，continue 语句会把程序控制留在循环内，而 break 语句使程序控制跳出循环。

(2) break 语句可以用于 switch 语句和循环（while、do-while 和 for 语句），而 continue 语句只能用于循环。

例 5-5 输出 100～200 中不被 3 整除的整数。

编写程序(e5-5.c)：

```
#include <stdio.h>
int main()
{
  int n;
  for (n=100; n<=200; n++)
  {
    if (n%3==0)
      continue;
    printf("%d ",n);
  }
  printf("\n");
  return 0;
}
```

运行结果如下：

```
100 101 103 104 106 107 109 110 112 113 115 116 118 119 121 122 124 125 127 128
130 131 133 134 136 137 139 140 142 143 145 146 148 149 151 152 154 155 157 158
160 161 163 164 166 167 169 170 172 173 175 176 178 179 181 182 184 185 187 188
190 191 193 194 196 197 199 200
```

5.5.3 goto 语句

break 语句和 continue 语句都是跳转语句：它们控制从程序中的一个位置转移到另一个位置，这两者都是受限制的，break 语句的目标是包含该语句的循环结束之后的那一点，而 continue 语句的目标是循环结束之前的那一点。goto 语句则可以跳转到函数中任何有标号的语句处。goto 语句在早期编程语言中常见，但在日常 C 语言编程中很少用到，尤其是结构化程序基本不使用 goto 语句。

例 5-6 求出 Fibonacci 数列的前 *N* 个数并在屏幕上显示。

编写程序(e5-6.c)：

```
#include <stdio.h>
#define N 6
int main()
{
  int f1=1,f2=1,f3;
  int i;
  printf("%12d\n%12d\n",f1,f2);
  for(i=1; i<=N-2; i++)
  {
```

```
        f3=f1+f2;
        printf("%12d\n",f3);
        f1=f2;
        f2=f3;
    }
}
```

运行结果如下：

```
1
1
2
3
5
8
```

实　　验

1. 实验目的

（1）熟悉掌握用 while 语句、do-while 语句和 for 语句实现循环的方法。

（2）掌握在程序设计中用循环的方法实现一些常用算法（如穷举、迭代、递推等）。

（3）进一步学习调试程序。

2. 实验要求

（1）使用循环结构编写程序。

（2）上机输入源程序并运行程序。

（3）调试程序直至得到正确结果。

3. 实验内容

（1）从键盘输入两个整数，分别求出它们的最大公约数和最小公倍数，并在屏幕上显示。

（2）求出 n 以内的“水仙花数”，并在屏幕上显示出来。这里“水仙花数”泛指一个 n 位数，其各位数字立方和等于该数本身，即 $abc-n=a^3+b^3+c^3+\cdots+n^3$。

本实验答案

（3）一个球从 n 米的高度自由落下，每次落地后反跳回原高度的一半，再落下，再反弹。求它在第 m 次落地时，共经过了多少米？第 m 次反弹的高度是多少？在屏幕上显示结果。

练　　习

1. 简答题

(1) C语言的循环语句有哪几种？请比较这几种循环。

(2) 退出循环的语句有哪些？各有什么作用？

2. 编程题

(1) 求 $1\sim n$ 的阶乘和，并在屏幕上显示结果。

(2) 从键盘输入一行字符，分别统计其中英文字母、空格、数字和其他字符的个数，在屏幕上显示统计结果。

(3) 兔子第1天有若干个胡萝卜，第1天吃了一半加一个，第2天吃了剩下的一半加一个……直至第 N 天只剩下 M 个胡萝卜了。求第1天共有多少个胡萝卜？在屏幕上显示结果。

(4) 输出以下图案。

```
   @
  @@@
 @@@@@
@@@@@@@
 @@@@@
  @@@
   @
```

本练习答案

第6章　数　　组

本章学习要点：

（1）一维数组和二维数组。

（2）字符数组。

（3）处理字符串的函数。

6.1　数组概述

整型、浮点型、字符型的变量都只是保存单一数据项的标量。C语言也支持存储一组数值的变量，即聚合变量。C语言中的聚合类型有两种，即数组和结构体（第9章介绍）。本章将介绍数组。

数组是含有多个数据值且每个数据值具有相同数据类型的数据结构。每个数据值称为数组的元素。数组的特点是：

（1）数组中元素的排列顺序是一定的。

（2）数组中的元素由数组名和下标唯一确定。

（3）数组中的元素属于同一数据类型。

6.2　一维数组

6.2.1　一维数组的定义

最简单的数组类型就是一维数组，一维数组中的元素可以看作按顺序排列为一行或一列。使用数组之前要定义数组，即指明数组元素的类型和数量。定义一维数组的一般形式为：

```
类型符 数组名[常量表达式]
```

其中，类型符是数组元素的数据类型，数组的元素可以是任何类型。数组名的命名遵循标识符命名规则。常量表达式表示数组元素的个数（即数组长度），可以是任何整数或整数和符号常量组成的常量表达式。

例如，下列语句声明一个名为a的一维数组数组，它有10个int类型的元素。

```
int a[10];
```

为了便于程序以后改变时调整数组的长度，也可以使用字符常量来定义数组的长度，例如：

```
#define N 10
int a [N];
```

为了存取特定的数组元素，每个数组元素具有一个下标，即数组名后边加一个用方括号括起来的整数值，下标代表元素在数组中的序号。

数组元素始终从0下标开始，所以长度为n的一维数组，其数组元素下标的序号是0～$n-1$（本书中称一维数组的元素依次为第0号元素、第1号元素……第$n-1$号元素）。例如，下列语句定义整型数组a的长度为10。

```
int a[10];                  //数组 a 含有的 10 个元素为 a[0], a[1],…, a[9]
```

6.2.2 一维数组的初始化

像其他变量一样，数组也可以在定义时给各元素赋予初始值，即初始化数组。以下是初始化数组的几种方式。

（1）数组初始化最常见的格式是一个用大括号括起来的常量表达式列表，常量表达式之间用逗号进行分隔。例如：

```
int a[10] = {1, 2, 3, 4, 5, 6, 7, 8, 9, 10};
```

（2）如果初始化式比数组短，那么数组中剩余的元素赋值为0。例如：

```
int a[10] = {1, 2, 3, 4, 5, 6};     //数组 a 各元素初始化后为 {1, 2, 3, 4, 5, 6, 0, 0, 0, 0}
```

利用这一特性，可以将数组元素全部初始化为0，例如：

```
int a[10]= {0};                 //数组 a 的元素全部初始化为 0
```

（3）如果给定了数组所有元素的初始化式，可以省略掉数组的长度。例如：

```
int a[ ] = {1, 2, 3, 4, 5, 6, 7, 8, 9, 10};
```

编译器利用初始化式的长度来确定数组的大小，比如此例中数组a的长度为10，这种初始化方法跟明确指定数组长度的方法是一样的。但是要注意，初始化式比要初始化的数组长是非法的。

6.2.3 一维数组的引用

定义数组并对数组元素初始化后，就可以引用数组中的元素。引用数组元素的一般形式如下：

数组名[下标]

例如，a[0]是指数组a中第0号元素，它和一个简单变量的地位和作用相似。

数组下标可以是整数常量或整型表达式，例如，语句“a[0] = a[5] + a[7]—a[2 * 3];”是合法的。再如：

```
int i =0, j=1, a[2];      //定义整型变量 i、j 和整型数组 a,且分别给 i、j 赋初始值。a 有 2 个
                            元素为 a[0]、a[1]
a[0]=1;                   //给 a[0]赋初始值 1
a[i+j * 1] = 0;           //给 a[1]赋初始值 0。这里表示 a[1]的下标 i+j * 1 是整数表达式
```

数组元素的表达式是左值，所以数组元素可以像普通变量一样使用。例如：

```
int a[0] = 1;
printf ("%d\n", a[0]);
++a[0];
```

许多程序所包含的 for 语句循环都是为了对数组中的每个元素执行一些操作。下面是一些常见操作，这里设 a 是长度为 N 的数组：

```
for (i = 0; i < N; i++)
a[i] = 0;                 //给数组 a 的每个元素赋值为 0
for (i = 0; i < N; i++)
scanf ("%d",&a [i]);      //通过键盘给数组 a 的每个元素赋值
```

可以看出，在调用 scanf 函数读取数组元素时，就像对待普通变量一样，必须使用取地址符号 &。

注意：

(1) 不能通过一次性整体调用整个数组达到引用数组全部元素的目的，只能分别引用数组元素。

(2) 下标常量表达式使用自增、自减时需注意语句的执行顺序，如下列代码(这里设 N 为不等于 0 的整数)。

```
i = 0;
while (i < N)
  a[i++]= 0;
```

这段代码的执行过程是：现在把变量 i 设置为 0，接着 while 语句判断变量 i 是否小于 N，如果是，则给 a[0]赋值 0，然后 i 自增变为 a[1]。重复循环，判断 i 是否小于 N，如果是，则给 a[1]赋值 0，然后 i 自增变为 a[2]。再次重复循环，直到 while 语句判断变量 i 不满足小于 N 的条件时(此时 i=N)，则不再执行循环体，循环结束。

思考：如果将 a[i++]换为 a[++i]是否正确？答案是不正确，如果换为 a[++i]，则第一次执行循环体时是给 a[1]赋值 0，而没有给 a[0]赋值 0，最终导致数组 a 中漏掉一个元素没有赋值，因而在引用数组 a 时会产生错误。

(3) 定义数组时用到的“数组名[常量表达式]”和引用数组元素时用的“数组名[下标]”形式相同，但含义不同。例如：

```
int b, a[3]={1, 2, 3};    //定义整型变量 b 和整形数组 a,数组 a 有 3 个元素,且给 a 的三个元
                            素赋初始值
```

```
b=a[2];                    //将数组 a 的第 2 号元素 a[2]的值(即 3)作为 b 的初始值赋给 b
```

(4) C语言不要求检查下标的范围，因而当下标超出范围时，程序会出现不可预知的行为。例如，当忘记了 n 元数组的下标范围是 0～n－1 而不是 1～n 时，就会引起这种错误。

例 6-1 从键盘输入 *N* 个整数，用起泡排序法对 *N* 个整数从小到大排序，然后在屏幕上显示结果。

起泡排序算法：从小到大起泡排序的方法是每次将相邻两个数比较，将小的调到前头。

编写程序(e6-1.c)：

```
#include <stdio.h>
#define N 5
int main()
{
  int a[N];
  int i,j,t;
  printf("Input the integers:\n");
  for (i=0;i<N;i++)
    scanf("%d",&a[i]);
  printf("\n");
  for(j=0;j<N-1;j++)                          //进行 9 次循环,实现 9 次比较
    for(i=0;i<N-1-j;i++)                      //在每一趟中进行 9-j 次比较
      if (a[i]>a[i+1])                        //相邻两个数的比较
        {t=a[i];a[i]=a[i+1];a[i+1]=t;}
  printf("The sorted integers:\n");
  for(i=0;i<N;i++)
    printf("%d ",a[i]);
  printf("\n");
  return 0;
}
```

运行结果如下：

```
Input theintegers:
9 6 8 3 7

The sortedintegers:
3 6 7 8 9
```

6.3 二维数组

6.3.1 二维数组的定义

数组可以有任意维数。可以将二维数组看作数学上的矩阵。二维数组定义的一般形

式为：

```
类型符 数组名[常量表达式][常量表达式];
```

例如，定义一个有 5 行 9 列的二维数组 m 的代码如下：

```
int m[5] [9] ;
```

为了访问第 i 行 j 列的元素，需要把它写成 m[i] [j] 的形式（本书中称二维数组元素 m[i][j]为第 i 行第 j 列的元素），其中，m[i][j]中的 m[i]指明了数组 m 的第 i 行，而 m[i] [j] 则指明了第 i 行中的第 j 列这个元素。

注意：不要把 m[i][j]写成 m[i, j]，这样写会使编译器将逗号当成逗号运算符，从而导致错误。

可以用表格形式描述二维数组，但是要明白在计算机的内存中二维数组不是这样存储的。C 语言是按照行主序存储数组，也就是从第 0 行开始存储每一个元素的数据，存储完第 0 行的所有元素，接着存储第 1 行的每一个元素的数据，其他以此类推。

就像 for 循环和一维数组紧密结合一样，嵌套的 for 循环是处理多维数组的理想选择。如果需要访问二维数组中的每一个元素，可以设计一对嵌套的 for 循环来完成这项工作，其中利用一个循环遍历每一行，另一个循环遍历每一列。例如，用数组存储单位矩阵的初始化问题：数学中，单位矩阵在主对角线上元素的值为 1，而其他元素的值为 0。可以注意到，主对角线元素的行下标与列下标完全相同。

```
#define N 10
double ident[N][N];
int row, col;
for (row = 0; row< N; row++)
  for (col = 0; col< N; col++)
    if (row == col)
      ident[row][col] = 1;
    else
      ident[row][col] = 0;
```

C 语言还为存储多维数据提供了更加灵活的方法——指针数组（见第 8 章）。

6.3.2 二维数组的初始化

二维数组的初始化式可以通过嵌套一维初始化式的方法来产生，每一个内部初始化式提供了矩阵中每一行的值，多维数组的初始化均可采用这种方法。C 语言为二维数组提供了多种初始化方法。

（1）利用嵌套内部初始化式对数组中每个元素初始化。如下例中，利用外层花括号嵌套内层 5 个花括号，然后对 5 行 9 列的数组 m 的每个元素初始化。

```
int m[5][9] = {{1, 1, 1, 1, 1, 0, 1, 1, 1},
               {0, 1, 0, 1, 0, 1, 0, 1, 0},
               {0, 1, 0, 1, 1, 0, 0, 1, 0},
```

```
            {1, 1, 0, 1, 0, 0, 0, 1, 0},
            {1, 1, 0, 1, 0, 0, 1, 1, 1} };
```

(2) 如果数组后面几行的元素初始值全为0,则可以只对前面几行用初始化式赋初始值,后面几行系统将自动赋初始值0。如下面的5行9列数组m,由于后两行的元素初始值为0,所以初始化式可以只对前三行元素分别赋初始值,后两行元素将自动赋初始值0。

```
int m[5][9] = {{1, 1, 1, 1, 1, 0, 1, 1, 1},
               {0, 1, 0, 1, 0, 1, 0, 1, 0},
               {0, 1, 0, 1, 1, 0, 0, 1, 0}};
```

(3) 如果某一行的最后几个元素初始值全为0,则内部初始化式中可以对此行前面的元素分别赋初始值,系统将对后面的元素自动赋初始值0。如下例中第1行、第2行、第3行这三行的第9列的元素将自动赋初始值0:

```
int m[5][9] = {{1, 1, 1, 1, 1, 0, 1, 1, 1},
               {0, 1, 0, 1, 0, 1, 0, 1},
               {0, 1, 0, 1, 1, 0, 0, 1},
               {1, 1, 0, 1, 0, 0, 0, 1},
               {1, 1, 0, 1, 0, 0, 1, 1, 1}};
```

(4) 如果对数组每一个元素都赋初始值,可以省略掉内层的花括号,这种情况下定义数组时可以省略第1维的长度。例如:

```
int m[5][9]= {1, 1, 1, 1, 1, 0, 1, 1, 1,
              0, 1, 0, 1, 0, 1, 0, 1, 0,
              0, 1, 0, 1, 1, 0, 0, 1, 0,
              1, 1, 0, 1, 0, 0, 0, 1, 0,
              1, 1, 0, 1, 0, 0, 1, 1, 1};
```

或

```
int m[ ][9]= {1, 1, 1, 1, 1, 0, 1, 1, 1,
              0, 1, 0, 1, 0, 1, 0, 1, 0,
              0, 1, 0, 1, 1, 0, 0, 1, 0,
              1, 1, 0, 1, 0, 0, 0, 1, 0,
              1, 1, 0, 1, 0, 0, 1, 1, 1};
```

允许省略内层花括号的原因是编译器按照定义的列数存储满了一行的数据后,会自动存储下一行的数据。但是需要注意的是,初学者省略内层的花括号容易造成赋值错误,因此不建议初学者在给多维数组赋初始值时省略内层花括号。

6.3.3 二维数组的引用

引用二维数组元素的一般形式如下:

数组名 [下标][下标]

例如,a[2][3]表示数组 a 中第 2 行第 3 列的元素。

下标可以是整数或整型表达式,如 a[2－2][2 * 3－4]是合法的,但是 a[0,2]或 a[2－2,2 * 3－4]是不合法的。

数组元素可以被赋值,也可以出现在表达式中,例如:

```
int a[1][1]={0}, b[1][2];
b[0][0]=a[0][0];
b[0][1] =1+a[0][0];
```

注意:

(1) 严格区分在定义数组时的下标和引用元素时的下标的区别,前者用来定义数组的维数和各维的大小,后者引用数组元素的下标值。例如:

```
int a[1][2];          //定义一行二列的整型数组 a,它的元素是 a[0][0]、a[0][1]
a[0][0]=1;            //给数组元素 a[0][0]赋初始值 1
a[0][1]=2;            //给数组元素 a[0][1]赋初始值 2
```

(2) 与一维数组一样,要注意在引用数组元素时,下标值应在已定义的数组大小的范围内。例如:

```
int a[1][2];          //定义 a 为一行二列的二维数组,即数组 a 的元素为 a[0][0]、a[0][1]
a[1][2]=3;            //不存在 a[1][2]的元素
```

6.3.4 常量数组

无论是一维数组还是多维数组,当数组的数据不希望在程序执行过程中发生改变时,可以通过在声明数组的最前面加上 const,从而使该数组成为“常量”数组。例如:

```
const char c[ ] ={'0', '1', '2', '3', '4', '5', '6', '7', 's', '9', 'A', 'B', 'C',
'D', 'E', 'F'};
```

程序中不应该对声明为常量数组的数据再进行修改。把数组声明为 const 有两个主要的好处:一是表明程序不会再改变数组的数据,提醒阅读程序的人注意该数组;二是当因疏忽而打算对常量数组修改数据时,编译器会发现该错误并进行提醒。

const 类型限定符不限于数组,它还可以与其他变量一起使用。其用法都是在声明变量的最前面加上类型限定符 const,表示在程序中保持该变量的数据不再改变。

例 6-2 将一个二维数组行和列的元素互换,存到另一个二维数组中。

编写程序(e6-2.c):

```
#include <stdio.h>
int main()
{
  int a[2][3]={{98,56,21},{78,86,92}};
  int b[3][2],i,j;
  printf("array a:\n");
```

```
    for (i=0;i<=1;i++)
    {
      for (j=0;j<=2;j++)
      {
        printf("%5d",a[i][j]);
          b[j][i]=a[i][j];
      }
      printf("\n");
    }
    printf("array b:\n");
    for (i=0;i<=2;i++)
    {
      for(j=0;j<=1;j++)
        printf("%5d",b[i][j]);
      printf("\n");
    }
    return 0;
}
```

运行结果如下：

```
array a:
   98   56   21
   78   86   92
array b:
   98   78
   56   86
   21   92
```

6.4 字符数组

6.4.1 字符数组的定义

用来存放字符数据的数组是字符数组。字符数组中的一个元素存放一个字符。定义字符数组的方法与定义数值型数组的方法类似。例如：

```
char c[8];
c[0]= 'I'; c[1]= ' '; c[2]= 'l'; c[3]= 'i'; c[4]= 'k'; c[5]= 'e'; c[6]= ' '; c[7]= 'C';
```

以上定义了一个包含8个元素的字符数组c,并且给每个数组元素赋了初始值。

由于字符型数据是以代表字符的整数形式的ASCII代码存储的,因而也可以用整型数组存储字符数据,但是会浪费存储空间。例如：

```
int c[10];                    //定义一个包含 10 个元素的整型数组 c
c[0]= 'K';                    //给 c[0]赋值 K,合法,但浪费了存储空间
```

6.4.2　字符数组的初始化

(1) 对字符数组中的每个元素次赋初始值。例如：

```
char c[8];
c[0]= 'I'; c[1]= ' '; c[2]= 'l'; c[3]= 'i'; c[4]= 'k'; c[5]= 'e'; c[6]= ' '; c[7]= 'C';
```

或

```
char c[8]={'I', ' ', 'l', 'i', 'k', 'e', ' ', 'C'};
```

(2) 如果赋初值的元素个数与定义的数组长度相同,定义时可以省略数组长度,系统会根据初值个数自动确定数组长度。例如：

```
char c[ ]={'I', ' ', 'l', 'i', 'k', 'e', ' ', 'C'};
```

(3) 如果赋初值的元素个数小于数组长度,则系统将这些初始值赋给数组中前面对应的元素,其余的元素自动赋为空字符,即'\0'。例如：

```
char c[10]={'I', ' ', 'l', 'i', 'k', 'e', ' ', 'C'};     //初始化后 c[8]= '\0',c[9]= '\0'
```

(4) 同样可以定义和初始化一个二维字符数组,例如：

```
char diamond[5][5] = {{' ', ' ', '*', ' ', ' '},{' ', '*', ' ', '*', ' '},{'*', ' ', ' ',
                     ' ', '*'},{' ', '*', ' ', '*', ' '},{' ', ' ', '*', ' ', ' '}};
```

注意：

(1) 如果在定义字符数组时不进行初始化,则数组中各元素的值是不可预料的。

(2) 如果花括号中提供的初值个数(即字符个数)大于数组长度,则出现语法错误。

6.4.3　引用字符数组中的元素

引用字符数组中的一个元素即可得到一个字符。

例 6-3　输出一个菱形图。

编写程序(e6-3.c)：

```
#include <stdio.h>
int main()
{
  char diamond[5][5] = {{' ', ' ', '*', ' ', ' '},{' ', '*', ' ', '*', ' '},
                        {'*', ' ', ' ', ' ', '*'},{' ', '*', ' ', '*', ' '},
                        {' ', ' ', '*', ' ', ' '}};
  int i, j;
  for (i=0; i<5; i++)
```

```
    {
      for (j=0; j<5; j++)
        printf ("%c", diamond[i][j]);
      printf("\n");
    }
    return 0;
}
```

运行结果如下：

```
  *
 * *
*   *
 * *
  *
```

6.4.4 字符串

C语言是用字符数组来处理字符串的，用字符数组存储字符串常量时会自动加一个'\0'作为结束符。

这样，初始化字符数组除了6.4.2小节中介绍的4种方法以外，还可以用字符串常量来初始化字符数组，即用一个字符串和字符串两端的双撇号（注意：不是单撇号）括起来作为初值。例如：

```
char c[]= {"I like C"};
```

或

```
char c[]="I like C";
```

以上代码等价于：

```
char c[] = {'I', ' ', 'l', 'i', 'k', 'e', ' ', 'C', '\0'};
```

注意：初始化字符数组时不需要在最后赋一个字符'\0'，系统在存储字符串初始值时会在最后自动加一个'\0'。

6.4.5 字符数组的输入/输出

字符数组的输入/输出可以有两种方法。

(1) 用%c格式符对字符逐个输入或输出。例如，程序e6-3.c中对二维数组diamond[5][5]中的元素逐个赋初始值，并且利用双层循环结构和printf函数对数组元素逐个输出。

(2) 用 %s格式符将整个字符串一次性输入或输出到一个字符数组中。例如：

```
char c[]= {"girl"};
```

```
printf ("%s\n", c);
```

或

```
char c[4];
scanf("%s", c);
printf("%s\n", c);
```

注意：

(1) scanf 函数中的输入项是字符数组名，不要再加地址符 &，因为在 C 语言中数组名存储该数组的起始地址。

(2) 用 %s 格式符输出字符串时，printf 函数中的输出项是字符数组名，而不是数组元素名。

(3) 用 scanf 函数从键盘输入多个由空格字符分隔的字符串时，需要定义多个字符数组对应每一个字符串分别存储，并且定义的字符数组的长度要比字符串实际长度加 1(留给表示字符串结束的字符'\0')。这是由于系统把空格字符作为输入的字符串之间的分隔符，因而，不使用多个字符数组分别存储每个字符串，或者定义的多个字符数组的长度不正确，都会导致出错。

例 6-4　用 scanf 和 printf 输入和输出字符串"I like C program."。

编写程序(e6-4.c)：

```
#include <stdio.h>
main()
{
  char c1[2],c2[5],c3[2],c4[9];
  //为保险起见，可将数组长度定义得略长，如 char c1[5],c2[5],c3[5],c4[9];
  scanf("%s%s%s%s", c1,c2,c3,c4);
  printf("%s %s %s %s\n", c1,c2,c3,c4);
  return 0;
}
```

运行结果如下：

```
I like C program.
I like C program.
```

6.5　处理字符串的函数

在 C 函数库中提供了一些专门处理字符串的函数，为我们处理字符串提供了方便。以下是几种常用的函数。

1. puts 函数用于输出字符串

puts 函数的作用是将存储在一个字符数组中的一个字符串输出到屏幕，其一般形式为：

```
puts (字符数组)
```

用 puts 函数输出字符串时，字符串中包含的转义字符的含义也被输出。例如：

```
char s[]={"Boy\nGirl"};
puts(s);
```

输出结果如下：

```
Boy
Girl
```

2. gets 函数用于输入字符串

gets 函数的作用是将从键盘输入的一个字符串(可以包含空格)存储到一个字符数组中，其一般形式如下：

```
gets (字符数组)
```

例 6-5 用 gets 和 puts 函数分别输入和输出字符串"I like C program."。

编写程序(e6-5.c)：

```
#include <stdio.h>
#include <string.h>
main()
{
  char s[30];
  gets(s);
  puts(s);
  return 0;
}
```

运行结果如下：

```
I like C program.
I like C program.
```

注意：puts 和 gets 函数的参数只能是一个字符数组，不能是多个字符数组。例如，以下函数是不合法的：puts(s1, s2)、gets(s1, s2)。

3. strcat 函数用于连接字符串

strcat 函数的作用是把存储在一个字符数组中的字符串连接到另外一个字符数组中的字符串的后面，结果放在后面的字符数组中。其一般形式如下：

```
strcat (字符数组 1, 字符数组 2)
```

例 6-6　用strcat 函数将字符串"C programming"和"is interesting."连接起来并且输出。

编写程序(e6-6.c)：

```
#include<stdio.h>
#include <string.h>
main()
{
  char s1[]={"C programming "};
  char s2[]={"is interesting."};
  puts(strcat(s1,s2));
  return 0;
}
```

运行结果如下：

```
C programming is interesting.
```

4. strcpy 和 strncpy 函数用于复制字符串

strcpy 函数的作用是将一个字符数组中的字符串复制到另一个字符数组中去。其一般形式为：

```
strcpy (字符数组 1, 字符数组 2)
```

例如：

```
char s1[10], s2[]={"Beijing"};
strcpy(s1, s2);
```

或

```
strcpy(s1, "Beijing");
```

strncpy 函数的作用是将一个字符数组中字符串的前 n 个字符复制到另一个字符数组中去。其一般形式为：

```
strcpy (字符数组 1, 字符数组 2, n)
```

例如：

```
char s1[10], s2[]={"Beijing"};
strcpy(s1, s2, 3);
```

注意：企图利用赋值号将一个字符串或字符数组赋值给另一个字符数组是错误的。例如，以下语句是不合法的。

```
s1= "Beijing"; s1=s2;
```

5. strcmp 函数用于比较字符串

strcmp 函数的作用是比较分别存储在两个字符数组中的字符串。它的一般形式为：

```
strcmp (字符数组 1, 字符数组 2)
```

字符数组中的字符串比较的规则是：将两个字符串自左至右按 ASCII 码值的大小逐一进行比较，直到出现不同的字符或遇到'\0'为止。

判断大小的标准是：

- 如全部字符相同，则认为两个字符串相等。
- 若出现不相同的字符，则以第一次出现的不同字符的 ASCII 码值的大小进行比较。

根据以下几种不同的字符串比较结果，返回不同的函数值。

(1) 如果字符串 1 = 字符串 2，则函数值为 0。

(2) 如果字符串 1 ＞ 字符串 2，则函数值为一个正整数。

(3) 如果字符串 1 ＜ 字符串 2，则函数值为一个负整数。

例 6-7 比较字符串"Beidahuang"和"Beijing"，并输出结果。

编写程序(e6-7.c)：

```
#include <stdio.h>
#include <string.h>
main()
{
  printf("%d\n", strcmp("Beidahuang","Beijing"));
  return 0;
}
```

运行结果如下：

```
-1
```

6. strlen 函数用于测量字符串长度

strlen 函数的作用是测量存储在字符数组中的字符串的长度，返回的函数值为字符串的实际长度(不包括'\0')，其一般形式为：

```
strlen (字符数组)
```

例如，“strlen("Beijing");”的结果为 7。

7. strlwr 函数用于将字符串中的字母全部转换为小写

strlwr 函数的作用是将存储在字符数组中的字符串的大写字母全部转换成小写字母，并且仍然存储到原字符数组中。其一般形式为：

```
strlwr (字符数组)
```

例 6-8　将字符串"BEIJING"转换为小写并输出。

编写程序(e6-8.c)：

```
#include <stdio.h>
#include <string.h>
main()
{
  char s1[]={"BEIJING"};
  strlwr(s1);                    //注意,使用 strlwr("BEIJING")不合法
  puts(s1);
  return 0;
}
```

运行结果如下：

```
beijing
```

8. strupr 函数用于将字符串中的字母转换为大写

strupr 函数的作用是将存储在字符数组中的字符串的小写字母全部转换成大写字母，并且仍然存储到原字符数组中。其一般形式为：

```
strupr (字符数组)
```

例如：

```
char s1[]={"beijing"};
strupr(s1);
```

注意：在使用字符串处理函数时，应当在程序文件的开头加上预编译语句 #include <string.h>，从而把 string. h 文件包含到程序中。

实　　验

1. 实验目的

(1) 掌握一维数组和二维数组的定义、赋值和输入/输出的方法。

(2) 掌握字符数组和字符串函数的使用。

(3) 掌握与数组有关的算法。

2. 实验要求

(1) 使用数组变量编写程序。

(2) 上机输入源程序并运行程序。

(3) 调试程序直至得到正确结果。

3. 实验内容

(1) 从键盘输入10个整数,用选择法进行从小到大排序,在屏幕上显示结果。

(2) 将10个从小到大排好顺序的整数初始化给一个数组,从键盘输入一个整数,将其插入数组中正确的位置,然后在屏幕上显示结果。

(3) 从键盘输入3行字符串,每行80个字符,分别统计出其中英文大写字母、小写字母、数字、空格、其他字符的个数,从屏幕显示统计结果。

本实验答案

练　　习

1. 简答题

(1) 数组的特点有哪些?

(2) 数组下标可以有哪些形式?

(3) 一维数组的初始化有哪些方式?举例说明。

(4) 字符数组的初始化有哪些方法?举例说明。

(5) 字符数组的输入/输出用格式符%c和%s的区别是什么?举例说明。

(6) 处理字符串的函数有哪些?各有什么含义?

2. 编程题

以下编程题均要求用数组方法处理。

(1) 编写程序,使用筛选法求出 N 之内的素数,并在屏幕上按每行10个数显示出结果。

(2) 从键盘输入 N 个整数并存入数组,用选择法对这 N 个整数从小到大排序,最后在屏幕上显示出排序结果。

(3) 输出 N 行杨辉三角形。

(4) 从键盘输入一行英文字母,按以下规律转换为另外一串英文字母的字符串:$Z\to A$,$Y\to B$,…,$z\to a$,$y\to b$,…。

本练习答案

第7章　函　　数

本章学习要点：

(1) 函数的定义及调用。

(2) return 语句和 exit 函数。

(3) 函数的嵌套和递归。

7.1　函数的定义

函数就是一个带声明和语句的小程序。一个 C 程序由多个函数模块构成，这种结构方便阅读理解和维护程序；函数的复用特性也节省了重复编写代码所需的时间和存储空间。

在 C 程序中使用函数(包括库函数和用户定义的函数)，必须“先定义，后使用”。C 编译系统提供的库函数事先已经由编译系统定义好了并放在库文件中，因而编程者不必自己定义，只需用预编译指令＃include 把相关的头文件包含到源文件中即可。相关的头文件中包括了对函数的声明。例如，如果在程序中需要使用数学函数(如 sqrt、fabs、sin、cos 等)，就必须在文件的开头写上：＃include ＜math.h＞。

但是，库函数只提供了一些最基本、最通用的函数，不可能包括编程中所需要的所有函数。因而，编程者有时需要自己定义想使用的那些库函数中没有的函数。定义函数需要包括以下几个方面。

(1) 给函数命名，以便后续按照函数名对函数进行调用。

(2) 声明函数返回值的类型，即函数类型。

(3) 声明函数的形式参数(简称“形参”)的名字和类型，在调用函数时要通过实际参数(简称“实参”)向形式参数进行数据传递。无参函数不需要声明形式参数的名字和类型。

(4) 编写函数体代码来定义函数的功能，即执行的操作。显然，这是最重要的。

定义函数的一般格式为：

```
返回类型 函数名(形式参数列表)
{
  函数体
}
```

其中，“返回类型”是指函数返回值的类型。函数名后面圆括号内的形式参数列表，包括每个形式参数的类型和名称，形式参数间用逗号分隔。如果函数没有形式参数，则圆括号内为 void 或者没有参数。函数体包括声明部分和语句部分。

注意：

(1) 返回类型是 void 时，说明函数没有返回值。

(2) 函数不能返回数组。

(3) 即使几个形参具有相同的数据类型，也必须对每个形参分别进行类型说明。

(4) 函数体内声明的变量只属于该函数，其他函数不能对这些变量进行使用或修改。

例如，以下是求两个实数平均值的函数 average。

```
double average(double a , double b)
{
  double sum ;                              //声明部分
  sum = a + b;                              //语句部分
  return (sum/2);                           //语句部分
}
```

以下是错误的。

```
double average (double a , b)               //缺少一个形式参数类型的说明
{
  return (a+ b)/2;
}
```

函数体为空的函数为空函数，有时需要定义空函数。例如：

```
void print_pun(void)
{
}
```

定义一个空函数的作用是在编写程序的开始阶段，先用空函数占一个位置，等后面编写好该函数的代码后替代空函数。其好处是既有利于程序结构清晰、可读性好，又有利于将来补充函数功能时对程序结构影响不大。

7.2 函数调用及函数声明

7.2.1 函数调用

函数调用由函数名和跟随其后的实际参数列表组成，其中实际参数列表用圆括号括起来。它的一般形式为：

```
函数名(实际参数列表)
```

例如，以下三个语句都是调用函数的语句。

```
average (x, y);
print_count (i);
print_pun ();
```

函数调用时不能丢失函数名后面的圆括号，否则是错误的。例如，下面的函数调用语句是错误的。

```
print_pun;
```

注意：

(1) 参数为 void 的函数被调用时，括号后边一定要有分号，这样才能使该调用函数成为一个语句。例如：

```
print_pun( );
```

(2) 返回值非 void 的函数被调用后会产生一个值，该值可以存储在变量中，也可以用于测试、显示或者做其他用途。例如：

```
avg = average(x, y);
if (avg> 90)
  printf ("Average is excellent. \n " );
```

例 7-1　编写一个计算两个实数平均值的函数。主函数中读取 3 个实数，利用该函数对这 3 个数两两计算平均值，并在屏幕上显示出来。

编写程序(e7-1.c)：

```
#include <stdio.h>
double average(double a, double b)                              //定义 average 函数
{
  return (a + b) / 2;
}
int main( )
{
  double x, y , z;
  printf ("Enter three numbers: ");
  scanf ("%lf%lf%lf", &x , &y, &z);
  printf ("Average of %g and %g: %g\n", x, y, average(x, y));    //调用 average 函数
  printf ("Average of %g and %g: %g\n", y, z, average(y, z));    //调用 average 函数
  printf ("Average of %g and %g: %g\n",  x, z, average (x, z));  //调用 average 函数
  return 0;
}
```

运行结果如下：

```
Enter three numbers: 3.5 9.6 10.2
Average of 3.5 and 9.6 : 6.55
Average of 9.6 and 10.2: 9.9
Average of 3.5 and 10.2: 6.85
```

7.2.2　函数声明与函数原型

在调用一个函数之前，必须先对其进行声明或定义。如果调用函数时编译器此前未见

到过该函数的声明或定义，就会导致出错。

为了避免在定义函数前调用函数的问题，我们可以采用两种解决方法：一种方法是每个函数的定义都出现在其被调用之前。另一种方法是在调用前先声明每个函数(即函数声明)，然后调用函数，而函数的完整定义放在程序后面。函数声明的作用是先把将调用的函数名、函数参数等信息通知编译器。函数声明是函数定义的首行(即函数原型)再加上分号，其一般形式为：

```
返回类型  函数名(形式参数);
```

注意：函数的声明必须与函数的定义一致。

例 7-2 将例 7-1 的 average 函数先声明，再调用，最后定义。

编写程序(e7-2.c)：

```
#include <stdio.h>
double average(double a , double b);                          //对 average 函数的声明
int main()
{
  double x , y , z;
  printf ("Enter three numbers : ");
  scanf ("%lf%lf%lf", &x , &y, &z);
  printf ("Average of %g and %g: %g\n", x, y, average (x, y));   //调用 average 函数
  printf ("Average of %g and %g: %g\n", y, z, average(y, z));    //调用 average 函数
  printf ("Average of %g and %g : %g\n", x, z, average (x, z));  //调用 average 函数
  return 0;
}
double average(double a , double b )                           //定义 average 函数
{
  double ave;
  ave= (a+ b) / 2;
  return (ave);
}
```

运行结果如下：

```
Enter three numbers: 5 6 9
Average of 5 and 6 : 5.5
Average of 6 and 9: 7.5
Average of 5 and 9: 7
```

函数声明中的函数原型允许不说明函数形参的名字，而只说明它们的类型。例如，下面的声明语句是合法的。

```
double average(double, double);
```

7.2.3 实际参数与形式参数

1. 值传递

形式参数(简称形参)出现在函数定义中,它们可以用假名字来表示函数调用时所需要的某类型的数值。实际参数(简称实参)是出现在函数调用的参数列表中,表示函数调用时实际用到的数值。C 语言中,实参是“值传递”的,即在调用函数时,将每个实参的值赋值给对应的形参;赋值后的形参通过函数定义的函数体的执行而得到了函数返回值;函数返回值通过调用函数被带回到主调函数(即调用函数时所属于的函数),进一步执行主调函数。

函数调用时是将实参变量的值赋值给形参的变量,实参变量的值并不改变,通过函数调用形式,参数的变量被赋值给与实参变量相同的值,从这一角度上看,形参好像是实参的副本。

2. 参数类型

(1) 实参可以是常量、变量或表达式,如 max(3, n+m)。但变量或表达式必须有确定的值,这样才能在调用时将实参的值赋值给形参。

(2) 实参与形参的类型应相同或赋值兼容。实参与形参类型不同时,按不同类型数值的赋值规则进行转换。例如,实参为 float 型变量,而形参为 int 型,则在实参给形参传递数值时,先将实数转换成整数(截断转换),然后赋值给形参。字符型与 int 型可以互相通用。

例 7-3 编写一个从两个整数中比较出最大数的函数。主函数从键盘输入 5 个整数,利用该函数两两选择最大的数,从屏幕显示第几个数最大且其值是多少。

编写程序(e7-3.c):

```
#include <stdio.h>
int main()
{
  int max(int m, int n);                               //函数声明,形参为变量
  int a[5], x, y, i;
  printf("Enter 5 integer numbers: ");
  for(i=0; i<10; i++ )
    scanf("%d", &a[i] );
  for(i=1, x=a[0], y=0; i<5; i++)
  {
    if (max(x,a[i])>x)                                 //函数调用
    {
      x=max(x,a[i]);                                   //函数调用
      y= i;
    }
  }
 printf("The %dth number is largest that is %d.\n", y+1, x);
}
```

```
int max(int m,int n)                                    //函数定义
{
  return(m>n? m: n);
}
```

运行结果如下：

```
Enter 5 integer numbers: 57 45 987 1934 90
The 4th number is largest that is 1934.
```

3. 数组作为函数参数

数组元素的作用与变量相当，一般来说，凡是变量可以出现的地方，都可以用数组元素代替。因而，数组元素也可以用作函数实参，数组元素用作实参时的用法与变量相同，按值传递，用实参数组元素的值给形参传递数组元素进行赋值。另外，数组名也可以作为实参和形参，由于数组名存储的是数组第一个元素的地址，因而与变量和数组元素作为函数参数时不同的是：数组名作为函数参数时不是“值传递”，而是“地址传递”，即将实参数组的第一个元素的地址赋值给形参数组名。

(1) 数组元素作函数实参。数组元素可以用作函数实参，不能用作形参，与作为实参的数组元素相对应的形参可以定义为同类型的变量。这是因为在内存中存储一个数组时会占用连续的一段存储单元，因而数组元素作为实参时对应的形参应该是临时分配某一存储单元来存储数值的，但是不可能为某一个数组元素单独分配存储单元，这种情况可以将形参定义为同类型的变量。这样在用数组元素作函数实参时，把实参的值赋值给形参的变量，完成了“值传递”，且数据传递的方向是从实参传到形参，是单向传递。

例 7-4 编写一个求平均成绩的函数。主函数用一个一维数组存放 10 个学生的成绩，从键盘输入学生的成绩，利用该函数求平均成绩，从屏幕显示平均成绩。

编写程序(e7-4.c)：

```
#include <stdio.h>
int main()
{
  float average(float a[10]);
  float score[10], ave;
  int i;
  printf("Enter 10 scores: ");
  for(i=0; i<10; i++)
    scanf ("%f", &score[i]);
  ave= average(score);
  printf ("The average score is %f\n", ave);
  return 0;
}
float average(float a [10])
{
```

```
  int i;
  float aver, sum=a [0];
  for(i=1; i<10; i++)
    sum=sum+a [i];
  aver=sum/10;
  return(aver);
}
```

运行结果如下：

```
Enter 10 scores: 100 98 78 88 97 86 89 59 86 79
The average score is 86.000000
```

（2）数组名作函数参数。除了可以用数组元素作函数参数外，还可以用数组名作函数参数（包括实参和形参）。

注意：用数组元素作实参时，向形参变量传递的是数组元素的值，即"值传递"；而用数组名作函数实参时，向形参（数组名或指针变量）传递的是数组首元素的地址，即"地址传递"。

例 7-5　编写函数，用选择法对数组中 10 个整数按由小到大排序。

分析：选择法就是先将 10 个数中最小数的位置与 a[0]对换，再将 a[1]至 a[9]中最小的数的位置与 a[1]对换，其他以此类推。每比较一轮，找出一个未经排序的数中最小的一个。最终共比较 9 轮。

编写程序（e7-5.c）：

```
#include <stdio.h>
int main()
{
  void sort (int array[], int n);
  int a[10], i;
  printf ("Enter the array: ");
  for(i=0; i<10; i+ +)
    scanf("%d",&a[i]);
  sort(a, 10) ;
  printf("The sorted array is: ");
  for(i=0;i<10;i+ +)
    printf("%d ", a[i]);
  printf("\n");
  return 0;
}
void sort(int array[], int n)
{
  int i, j, k, t;
  for(i=0; i<n-1; i++)
  {
```

```
    k=i;
    for(j=i+1; j<n; j+ +)
      if(array[j]<array[k])
        k=j;
    t= array[k]; array[k] = array[i]; array[i] = t;
  }
}
```

运行结果如下：

```
Enter the array: 45 87 3 98 23 90 201 398 1294 6
The sorted array is: 3 6 23 45 87 90 98 201 398 1294
```

(3) 多维数组名作函数参数。多维数组元素可以作函数参数,这点与前述的情况类似。可以用多维数组名作为函数的实参和形参,在被调用函数中对形参数组定义时可以指定每一维的大小,也可以省略第一维的大小说明。

例 7-6 编写函数,求出 3×4 矩阵中的最大值。主函数给 3×4 矩阵赋初始值,利用该函数求出矩阵元素中的最大值,并从屏幕上显示最大值。

编写程序(e7-6.c)：

```
#include <stdio.h>
int main()
{
  int max (int arr[ ] [4]);                                   //函数声明
  int a[3][4] = {{12, 43, 65, 97}, {22, 14, 76, 98}, {5, 170, 304, 2}};
  printf("The max value is: %d\n", max (a));                  //函数调用
  return 0;
}
int max (int arr[][4])                                        //函数定义
{
  int i, j, m;
  m=arr[0][ 0] ;
  for(i = 0; i<3; i++)
    for(j=0; j< 4; j++)
      if(arr[i][j]>m)
        m= arr[i][j];
  return(m);
}
```

运行结果如下：

```
The max value is: 304
```

7.3　return 语句和 exit 函数

main 函数必须有返回类型，通常，main 函数的返回类型是 int 型，即我们前面定义 main 函数时用到的形式。

```
int main( )
{
  ...
}
```

main 函数的参数列表中的 void 被省略掉是合法的。main 函数返回的值是状态码，当程序正常终止时，main 函数返回 0；当程序异常终止时，main 函数返回非零值。大部分操作系统在程序终止时可以检测到状态码，因而 main 函数返回的状态码有利于通知操作系统程序终止是否正常。

在 main 函数中终止程序的方法有两种：一种方法是执行 return 语句；另一种方法是调用 exit 函数。

7.3.1　return 语句

返回值为非 void 的函数必须使用 return 语句才能将函数的返回值返回。return 语句的一般形式为：

```
return (表达式);
```

表达式可以是常量，也可以是结果为常量的变量，或者是普通的表达式。例如：

```
return 0;
return (status);
```

下面是表达式为条件语句的例子。

```
return (n >= 0? n:0);
```

执行这条语句时，表达式“n >= 0? n:0”先被求值，若 n 不为负，则返回 n 的值；反之，返回 0。

如果表达式的类型与函数声明中的返回类型不匹配，那么系统将把表达式的类型转换为返回类型。例如，函数返回类型为 int 型，但是表达式返回的是 double 型，则系统将表达式的值转换成 int 型再返回。

7.3.2　exit 函数

调用 exit 函数是在 main 函数中终止程序的另一种方法。exit 函数属于<stdlib.h>头文件，因而使用 exit 函数时需要在源文件中使用预编译语句：#include <stdlib.h>。传递给 exit 函数的实参和 main 函数的返回值具有相同的含义，两者都指明了程序终止时的状态：正常终止时实参为 0，异常终止时实参为 1。C 语言允许用 EXIT_SUCCESS 和 EXIT_FAILURE 分别代替 0 和 1，效果是相同的。EXIT_SUCCESS 和 EXIT_FAILURE 都是定义在<stdlib.h>中的符号常量。例如：

```
exit(0);                                    //正常终止
exit(EXIT_SUCCESS);                         //正常终止
exit(EXIT_FAILURE);                         //异常终止
```

作为终止程序的方法，main 函数中的 return 语句等价于 exit 函数。return 语句和 exit 函数的差别是：一是不管哪个函数调用 exit 函数都会导致程序终止，而 return 语句只有在 main 函数调用时才起到终止程序的作用；二是使用 exit 函数更容易定位程序中的全部退出点。

7.4　函数的嵌套和递归

7.4.1　函数的嵌套调用

在一个函数定义内不能再定义另一个函数，也就是说函数定义是不能嵌套的。但是函数的调用可以嵌套，即在调用一个函数的过程中又调用另一个函数，这叫嵌套调用。以下过程称为三层嵌套调用：main 函数为第一个函数，main 函数中调用第二个函数，第二个函数定义中调用了第三个函数。三层嵌套调用的执行过程如下。

(1) 执行 main 函数的函数体中调用第二个函数之前的语句。

(2) 遇到调用第二个函数的语句，带着实参转至第二个函数的函数体进行语句执行。

(3) 遇到调用第三个函数的语句，带着实参转至第三个函数的函数体进行语句执行。

(4) 执行完第三个函数的所有语句，带着返回值返回到第二个函数中调用第三个函数的语句，并继续往下执行语句，直至全部执行完第二个函数。

(5) 带着第二个函数的返回值返回到 main 函数中调用第二个函数的语句，继续往下执行语句，直至全部执行完 main 函数。

从以上过程可以看出，嵌套调用的过程包含了“回溯”和“递推”两个阶段。

例 7-7　编写一个求出两个整数中最大值的函数，再利用该函数编写一个求 4 个整数中最大值的函数。主函数从键盘输入 4 个整数，利用第二个函数求出最大的数，从屏幕显示该最大的数。

编写程序(e7-7.c)：

```
#include <stdio.h>
void main()
{
  int max4(int a,int b,int c,int d);
```

```
    int a,b,c,d,max;
    printf("Enter 4 interger numbers: ");
    scanf("%d %d %d %d",&a,&b,&c,&d);
    max=max4(a,b,c,d);
    printf("The largest number is: %d \n",max);
}
int max4(int a,int b,int c,int d)
{
    int max2(int a,int b);
    return max2(max2(max2(a,b),c),d);
}
int max2(int a,int b)
{
    return(a>b? a:b);
}
```

运行结果如下：

```
Enter 4 interger numbers: 658 123 9825 123
The largest number is: 9825
```

7.4.2 函数的递归调用

递归调用是嵌套调用的特例，即在嵌套调用时调用的是该函数本身，则称为函数的递归调用。显然，递归调用也包含了“回溯”和“递推”两个阶段。另外，在两个阶段的转折点上要有一个“基例”，作为结束递归的条件。

例 7-8 编写递归调用的函数求 n!。主函数从键盘输入 n 的值，调用该函数求出 n!，最后从屏幕显示结果。

编写程序(e7-8.c)：

```
#include <stdio.h>
int main()
{
    int fac(int n);
    int n, k;
    printf("Enter an integer number: ");
    scanf("%d",&n);
    k=fac(n);
    printf("%d!=%d\n", n, k);
    return 0;
}
int fac(int n)
{
    int m;
```

```
    if(n<0)
      printf("n<0, Input error!");
    else if(n==0||n==1)
      m=1;
    else m=fac(n-1) * n;
      return(m);
}
```

运行结果如下：

```
Enter an integer number: 10
10!=3628800
```

注意：为了防止无限递归，所有递归函数都需要某些类型的终止条件，即递归函数的基例。程序中不应出现无终止的递归调用，而只应出现有限次数的、有终止的递归调用，这可以用 if 语句来控制，只有在某一条件成立时才继续执行递归调用，否则就不再继续。

例 7-9 编写一个快速排序中分隔元素的函数，利用该函数再编写一个快速排序的递归调用函数。在主函数中，从键盘输入 N 个整数，调用快速排序函数对 N 个整数进行排序，最后将结果在屏幕上显示。

分析：假设要排序的数组的下标从 1 到 n，快速排序算法的操作如下。

(1) 选择数组元素 e 作为"分割元素"；重新排列数组，使得 1～i－1 都是小于或等于 e 的元素；元素 i 包含 e；i＋1～n 都是大于或等于 e 的元素。

(2) 通过递归地调用快速排序函数，对 1～i－1 的元素进行排序。

(3) 通过递归地调用快速排序函数，对 i＋1～n 的元素进行排序。

执行完第 1 步后，元素 e 处在正确的位置上。因为 e 左侧的全都是小于或等于 e 的元素，所以一旦第 2 步对这些元素进行排序，那么这些小于或等于 e 的元素也将处在正确的位置上。类似的理由同样可应用于 e 右侧的元素。显然，快速排序中的第 1 步是很关键的。

编写程序(e7-9.c)：

```
#include <stdio.h>
#define N 10
void quicksort (int a [ ], int low, int high );
int split(int a [ ], int low, int high);
int main( )
{
  int a [N], i;
  printf ( "Enter %d numbers to be sorted: ", N);
  for ( i = 0; i < N; i ++ )
    scanf("%d", &a [ i ]);
  quicksort (a, 0, N-1);
  printf ("In sorted order: ");
  for (i = 0; i < N; i ++)
    printf ("%d ", a[i]);
  printf("\n");
```

```
  return 0;
}
void quicksort(int a[ ] , int low, int high)
{
  int middle;
  if (low>= high)
    return;
  middle = split(a, low, high);
  quicksort(a, low, middle-1);
  quicksort (a, middle+1, high);
}
int split(int a[ ], int low, int high)
{
  int part_element = a[low];
  for (; ; )
  {
    while (low< high && part_element <= a[high])
      high-- ;
    if (low >= high)
      break;
    a[low++] = a[high];
    while (low < high && a[low] <= part_element)
      low++ ;
    if (low>= high)
      break;
    a[high--] = a [low];
  }
  a[high] = part_element;
  return high;
}
```

运行结果如下：

```
Enter 10 numbers to be sorted: 9 16 47 82 4 66 12 3 25 51
In sorted order : 3 4 9 12 16 25 47 51 66 82
```

7.5 程序结构

7.5.1 局部变量

1. 局部变量的概念

在函数体内声明的变量只在本函数内有效，因而称为该函数的局部变量。例如，下面的函数 sum_digits 中，sum 是该函数的局部变量：

```
int sum_digits(int n)
{
  int sum = 0;                                    //局部变量
  while (n > 0)
  {
    sum += n % 10;
    n /= 10;
  }
  return sum;
}
```

局部变量具有下列性质。

(1) 自动存储期限。局部变量在其所属于的函数被调用时被系统分配存储单元。当该函数返回时存储单元被收回，因而称局部变量具有自动的存储期限。局部变量的值在函数返回时因存储单元被收回而不再存在。

(2) 块作用域。局部变量的有效范围是从变量声明的语句开始一直到所在函数体的末尾。因为局部变量的作用域不能延伸到其所属函数之外，所以其他函数的函数体内可以使用相同名字的变量，但相互之间没有关系。

例如，下面的这个例子中，变量 i 的作用域从声明 i 的语句开始，直至函数体的末尾：

```
void f (void)
{
  ...
  int i;                                          //声明变量 i,i 的作用域从此句开始
  ...
}
```

2. 静态局部变量

在局部变量的声明前面放置单词 static，则使该变量具有了静态存储期限，而不是自动存储期限，即该变量拥有永久的存储单元，在整个程序执行期间都会保留变量的值，当函数返回时，静态变量的值不会因存储单元被收回而丢失。例如：

```
void f (void)
{
  static int i;                                   //i 为静态局部变量
  ...
}
```

静态局部变量始终有块作用域，当静态变量所属于的函数再次被调用时，前面的值依然被保留，但它对其他函数是不可见的，所以说静态变量是对其他函数隐藏数据的地方。

3. 形式参数

形式参数拥有和局部变量一样的性质，即自动存储期限和块作用域。形式参数与局部

变量的唯一区别是：局部变量在作用域内被赋初始值，而形式参数是在函数被调用的时候通过实际参数给它赋初始值。

7.5.2　全局变量

实参与形参的值传递是给函数传送数据的一种方法。另外，函数还可以通过全局变量传送数据。全局变量是声明在函数之外的变量，它不同于局部变量的性质如下。

(1) 静态存储期限。就如同声明为 static 的局部变量一样，全局变量拥有静态存储期限，即全局变量存储单元中的值将保留下来。

(2) 文件作用域。全局变量拥有文件作用域，即其有效范围是从变量在源文件中被声明的语句开始，一直到所在文件的末尾。因而，外部变量声明之后的语句和函数都可以访问并修改它。

当多个函数必须共享一个变量或少数几个函数共享大量变量时，全局变量是很有用的。但在大多数情况下，对函数而言，通过形参传递数据比通过全局变量共享数据的方法更好。

7.5.3　程序块与作用域

1. 程序块

C 语言的复合语句的一般形式如下：

```
{
  多条声明
  多条语句
}
```

可以用程序块(也称块)来描述这类复合语句，如下面这个程序块。

```
if (i > j)
{
  int temp = i;
  i=j;
  j = temp;
}
```

默认情况下，声明在程序块中的变量的存储期限是自动的：进入程序块时为变量分配存储单元，退出程序块时收回分配的空间。变量具有块作用域，即不能在程序块外引用。

函数体是程序块。在需要临时使用变量时，函数体内的程序块也是非常有用的。例如，上面这个例子中，我们声明了一个临时变量 temp，用来交换 i 和 j 的值。在程序块中放置临时变量有两个好处：①避免了函数体前面声明的同名变量与只是临时使用的变量相混淆；②解决了名字冲突问题。在此例中，名字 temp 还可以用于同一函数中的其他地方，而在程序块中声明的变量 temp 严格作用于该程序块。

2. 作用域

在C程序中，相同的标识符可以有不同的含义，C语言的作用域规则规定了程序中标识符的含义是什么。这个作用域规则是：当程序块内声明的一个标识符在这之前已经被声明过，新的声明要临时隐藏标识符的旧的声明。在此程序块结束时，标识符恢复旧的含义。

例如，下面这个例子中的标识符i有4种不同的含义。

(1) 在声明1中，i是具有静态存储期限和文件作用域的变量。

(2) 在声明2中，i是具有块作用域的形式参数。

(3) 在声明3中，i是具有块作用域的自动变量。

(4) 在声明4中，i也是具有块作用域的自动变量。

```
int i;          //声明1
void f (int i)  //声明2
{
  i=1;          //声明2隐藏了声明1,故此句引用的是声明2中的形参i,而不是声明1中的i
}
void g(void)
{
  int i= 2;     //声明3
  if (i>0)      //声明3隐藏了声明1,故此句引用的是声明3中的i
  {
    int i;      //声明4
    i=3;        //声明4隐藏了声明3,故此句引用的是声明4中的i
  }
  i = 4;        //此句引用的是声明3中的i
}
void h(void)
{
  i = 5;        //此句引用的是声明1中的i
}
```

7.5.4 C程序的构建

单个源文件的程序可以包含以下方面。

- 诸如＃include和＃define这样的预处理指令。
- 类型定义。
- 外部变量声明。
- 函数声明。
- 函数定义。

C语言对上述这些项的顺序要求极少：执行到预处理指令所在的代码行时，预处理指令才会起作用；类型名定义后才可以使用；变量声明后才可以使用；第一次调用函数前要对每个函数进行定义或声明。为了遵守这些规则，下面是一种可能的构建程序的编排顺序。

（1）＃include 指令。

（2）＃define 指令。

（3）类型定义。

（4）外部变量的声明。

（5）除 main 函数之外的函数的声明。

（6）main 函数的定义。

（7）其他函数的定义。

因为＃include 指令带来的信息可能在程序中的好几个地方都需要，所以先放置这条指令是合理的。＃define 指令创建字符常量，对这些字符常量的使用通常遍布整个程序。类型定义放置在外部变量声明的上面是合乎逻辑的，因为这些外部变量的声明可能会引用刚刚定义的类型名。接下来，声明外部变量使得它们对于跟随在其后的所有函数都是可用的。在编译器看见原型之前调用函数，可能会产生问题，而此时声明除了 main 函数以外的所有函数可以避免这些问题。在其他函数前定义 main 函数，使得阅读程序的人容易定位程序的起始点。

实　　验

1. 实验目的

（1）熟悉定义函数的方法。

（2）熟悉声明函数的方法。

（3）熟悉调用函数时实参与形参的对应关系，以及“值传递”和“地址传递”的方式。

（4）学习利用函数实现指定的任务。

2. 实验要求

（1）使用函数编写程序。

（2）上机输入源程序并运行程序。

（3）调试程序直至得到正确结果。

3. 实验内容

（1）编写一个判断整数是否为素数的函数。主函数从键盘输入一个整数，利用该函数进行判别，从屏幕显示判别结果。

（2）现有 N 个学生 M 门课程的成绩。编写 5 个函数，实现以下功能。

函数 1：输入 N 个学生 M 门课程成绩。

函数 2：计算每个学生的平均分。

函数 3：计算每门课的平均分。

函数 4：求出所有 $N \times M$ 个分数中最高的分数及其所对应的学生和课程。

函数 5：计算学生平均分的方差。

主函数利用函数 1 输入学生的成绩；利用另外 4 个函数分别求出每个学生的平均分、每门课程的平均分、最高分数的学生及其课程、学生平均分方差，并将这些结果从屏幕上显示出来。

(3) 编写对字符串从小到大起泡排序的函数。用主函数从键盘输入字符串，并利用该函数进行排序，最后在屏幕上显示结果。

(4) 编写将一个整数转换为字符串的函数。用主函数从键盘输入一个整数，并利用该函数进行转换，从屏幕显示结果。

本实验答案

练　　习

1. 简答题

(1) C 语言的函数有哪两大类？有什么区别？
(2) 用户定义的函数包含哪几方面？
(3) 函数声明有哪两种方法？
(4) 函数声明与函数原型的区别是什么？
(5) 什么是实参？什么是形参？
(6) 数组名和数组元素作为函数参数的区别是什么？
(7) return 语句和 exit 函数有什么相同点和不同点？
(8) 说明三层嵌套调用函数的执行过程。
(9) 什么是递归调用？递归调用在两个阶段之间必须有什么？
(10) 通常构建 C 程序的编排顺序是什么？

2. 编程题

(1) 编写求方程 $ax^2+bx+c=0$ 的根的程序。编写 3 个函数，分别求方程在 $b^2-4ac>0$、$b^2-4ac=0$、$b^2-4ac<0$ 三种情况时的根。主函数从键盘输入 a、b、c，利用 3 个函数求根，最后从屏幕显示方程及其根。

(2) 编写函数实现 $N\times N$ 整型矩阵转置的功能。用主函数从键盘输入矩阵元素的值，在屏幕上显示结果。

(3) 编写函数，统计一个字符串中字母、数字、空格和其他字符的个数。主函数从键盘输入字符串，调用该函数进行统计，最后在屏幕上显示统计结果。

(4) 有 N 名职工，每个职工的信息包括姓名和职工号。编写 3 个函数，分别实现以下功能。

函数1：输入 N 个职工的姓名和职工号。

函数2：将职工按职工号由小到大顺序排序。

函数3：根据输入的一个职工号，用折半查找法找出该职工并在屏幕上显示查找到的职工的姓名。

主函数调用函数1输入职工的信息；调用函数2进行排序；调用函数3从键盘输入要查找的职工号，进行查找并在屏幕上显示查找到的职工的姓名。

本练习答案

第8章 指　针

本章学习要点：

（1）指针变量的定义与引用。

（2）指针作为参数和返回值。

（3）指针和数组。

（4）通过指针引用字符串。

8.1 指针变量

大多数现代计算机将内存分割的最小单位为字节(byte)，每字节可以存储8位的数据，每字节都有唯一的地址(address)。内存中有 n 字节，就有 n 个地址相对应。

可执行程序由机器指令代码（与源程序的语句相对应）和数据（与源程序变量的值相对应）两部分构成。其中，每个变量的值在内存中占有一字节或多字节，把第一字节的地址称为变量的地址。例如，图8-1中的存储变量i的数据占用了地址分别为0001和0002的两字节，因而变量i的地址为0001。

我们称地址为指针，存储地址的变量为指针变量(pointer variable)。例如，用指针变量p存储变量i的地址，通过p存储的地址就可以找到存储变量i的内存单元里存储的数据，因而也可以说“p指向i”。这种关系可用图8-2形象地表示出来，就是p的内容指向存储变量i的数据的内存单元。

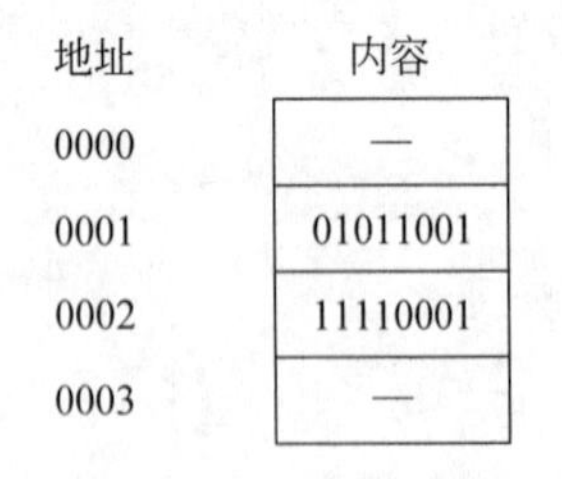

图8-1　存储地址和存储内容

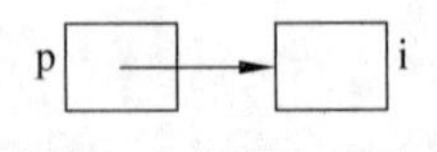

图8-2　指针与变量

8.1.1 定义指针变量

对指针变量的声明与对普通变量的声明基本一样，唯一的不同就是必须在指针变量名

字前放置星号 *，定义指针变量的一般形式为：

```
类型名 *指针变量名;
```

例如：

```
int *p;
```

上例的意思表示指针变量 p 是指向 int 型变量，这里指针指向的变量类型也称为基类型。

指针变量可以和其他变量一起出现在定义中，例如：

```
int i, j, a[10], b[20], *p, *q;
```

此例说明 i 和 j 为整型变量，a 和 b 是整型数组变量，而 p 和 q 是指向整型变量的指针变量。

每个指针变量只能指向一种特定基类型的变量。以下定义的指针变量都是合法的。

```
int *p;                        //指针变量 p 指向 int 型变量
double *q;                     //指针变量 q 指向 double 型变量
char *r;                       //指针变量 r 指向 char 型变量
```

指针变量指向的基类型是什么没有限制。例如，指针变量还可以指向另一个指针，即指向指针的指针。

8.1.2　指针变量的引用

给指针变量赋的值需要是某个变量的地址，因而我们首先需要取出变量的地址，运用取地址运算符 & 可以将变量的地址取出来。例如，设 x 是变量，那么 &x 就是 x 在内存中的地址。

指针变量存储了变量的地址后，就可以通过变量的地址找到该变量的数值，也就是可以对指针所指向变量进行访问，运用指针运算符 * 就可以达到这一目的。例如，定义 p 为指针变量，则 *p 表示 p 指向的变量的数值。

1. 取地址运算符

定义了指针变量后，就为指针变量分配了内存空间，但是还需要给它赋初始值，也就是需要赋给它一个变量的地址，从而让它指向某个变量。初始化指针变量的方法是使用地址运算符 & 把某个变量的地址赋给它。例如：

```
int i, *p;                     //定义了 int 型的变量 i 和指针变量 p
p = &i;                        //将变量 i 的地址赋给指针变量 p 的作为初始值
```

也可以在定义变量 i 和指针变量 p 的同时对 p 进行初始化。

```
int i, *p = &i;
```

2. 指针运算符

指针变量被赋予了初始值以后就指向了某个变量，也就可以通过指针运算符 * 访问存储在变量中的内容。例如，如果 p 指向 i，那么可以在屏幕显示 i 的值，代码如下：

```
int i=10, *p = &i;
printf ("%d\n", *p);
```

上例中 printf 函数将会显示 i 的值 10，注意不是 i 的地址。如果使用下面的语句，则会输出变量 i 的地址：

```
printf ("%d\n", p);
```

注意：不要把指针运算符用于未初始化的指针变量，否则将会出错。

3. 指针赋值

C 语言允许使用赋值运算符进行指针的复制，前提是两个指针要具有相同的类型。例如：

```
int i=10, j=20, *p, *q;     //定义 int 型变量 i 和 j 以及指针变量 p 和 q,变量 i 和 j 同时
                              被赋初始值
p = &i;                     //将 i 的地址赋值给 p
q = p;                      //将 p 存储的 i 的地址复制给 q(因为 q 和 p 的类型相同)
```

从上例可以看到，通过赋值语句，q 和 p 都指向了变量 i，事实上此时 *q=10，*p=10。

指针变量被赋值以后，可以进一步通过使用指针运算符并利用指针访问指针指向的变量的值，例如：

```
int i=10, j=20, *p, *q;
p = &i;                     //将 i 的地址赋值给 p,这样 p 指向了 i
q = &j;                     //将 j 的地址赋值给 q,这样 q 指向了 j
*p = 20;                    //通过指针运算符将 i 存储的数值 10 改变为 20
*q = 10;                    //通过指针运算符将 j 存储的数值 20 改变为 10
```

注意：

(1) 任意数量的指针变量都可以指向同一个对象。

(2) 不要把"q = p;"和"*q = *p;"搞混，前者复制的是地址，后者复制的是指针指向变量的数值。例如：

```
int i=10, j=20, *p, *q;
p = &i;                     //将 i 的地址赋值给 p,此时 *p=10
q = &j;                     //将 j 的地址赋值给 q,此时 *q=20
*q = *p;                    //将 p 指向的 i 的数值 10 复制给 q 指向的变量 j,此时 *q=10
```

例 8-1 通过指针变量访问整型变量。

编写程序(e8-1.c)：

```
#include <stdio.h>
```

```
int main()
{
  int a=16,b=28;                    //定义整型变量 a 和 b,并初始化
  int *pointer_1, *pointer_2;  //定义指向整型数据的指针变量 pointer_1, pointer_2
  pointer_1=&a;                    //把变量 a 的地址赋给指针变量 pointer_1
  pointer_2=&b;                    //把变量 b 的地址赋给指针变量 pointer_2
  printf("a=%d,b=%d\n",a,b);   //输出变量 a 和 b 的值
  printf("*pointer_1=%d, *pointer_2=%d\n", *pointer_1, *pointer_2);
  return 0;
}
```

运行结果如下：

```
a=16,b=28
*pointer_1=16, *pointer_2=28
```

8.2　指针作为参数

因为C语言用值进行参数传递,所以在函数调用中用作实际参数的变量无法改变。指针提供了此问题的解决方法：不再传递变量 x 作为函数的实际参数,而是提供 &x,即指向 x 的指针。声明相应的形参 p 为指针。调用函数时,p 的值为 &x,因此 *p(p 指向的对象)将是 x 的别名。函数体内 *p 的每次出现都将是对 x 的间接引用,而且允许函数既可以读取 x,也可以修改 x。

为了用实例证明这种方法,下面通过把形参 int_part 和 frac_part 声明用指针的方法来修改 decompose 函数。现在 decompose 函数的定义形式如下：

```
void decompose(double x, long * int_part, double * frac_part);
{
  * int_part = (long) x;
  * fract_part = x - * int_part;
}
```

decompose 函数的原型既可以是"void decompose(double x, long * int_part, double * frac_part);",也可以是"void decompose(double, long *,double *);"。

以下列方式调用 decompose 函数。

```
decompose (3.14159, &L, &d )
```

因为 i 和 d 前有取地址运算符 &,所以 decompose 函数的实际参数是指向 i 和 d 的指针,而不是 i 和 d 的值。调用 decompose 函数时,把值 3.14159 复制到 x 中,把指向 i 的指针存储在 int_part 中,而把指向 d 的指针存储在 frac_part 中。decompose 函数体内的第一个赋值把 x 的值转换为 long 类型,并且把此值存储在 int_part 指向的对象中。因为 int_part

指向 i，所以赋值操作把值 3 放到 i 中。第二个赋值操作把 int_part 指向的值（即 i 的值）取出，现在这个值是 3。把此值转换为 double 类型，并且用 x 减去它，得到 0.14159。然后把这个值存储在 frac_part 指向的对象中。当 decompose 函数返回时，就像原来希望的那样，i 和 d 将分别有值 3 和 0.14159。

用指针作为函数的实际参数实际上不新鲜，从第 2 章开始就已经在 scanf 函数调用中使用过了。思考下面的例子。

```
int i;
...
scanf ("%d", &i );
```

必须把 & 放在 i 的前面，以便给 scanf 函数传递指向 i 的指针，指针会告诉 scanf 函数把读取的值放在哪里。如果没有 & 运算符，传递给 scanf 函数的将是 i 的值。

虽然 scanf 函数的实际参数必须是指针，但并不总是需要 & 运算符。在下面的例子中，我们向 scanf 函数传递了一个指针变量。

```
int i, *p;
...
p = &i;
scanf ("%d", p);
```

既然 p 包含了 i 的地址，那么 scanf 函数将读入整数并且把它存储在 i 中。在调用中使用 & 运算符将是错误的。

```
scanf ("%d, &p);
```

scanf 函数读入整数并且把它存储在 p 中而不是 i 中。

向函数传递需要的指针却失败了，还可能会产生严重的后果。假设我们在调用 decompose 函数时没有在 i 和 d 前面加上 & 运算符，即

```
decompose (3.14159, i, d);
```

decompose 函数期望第二个和第三个实际参数是指针，但传入的却是 i 和 d 的值。decompose 函数没有办法区分，所以它将会把 i 和 d 的值当成指针来使用。当 decompose 函数把值存储到 * int_part 和 * frac_part 中时，它会修改未知的内存地址，而不是修改 i 和 d。

如果已经提供了 decompose 函数的原型（当然，应该始终这样做），那么编译器将告诉我们实际参数的类型不对。然而，在 scanf 函数的例子中，编译器通常不会检查出传递指针失败，因此 scanf 函数特别容易出错。

当调用函数并且把指向变量的指针作为参数传入时，通常会假设函数将修改变量。例如，如果在程序中出现语句"f(&x);"，可能是希望 f 改变 x 的值。但是，f 仅需要检查 x 的值而不是改变它的值也是可能的。

指针可能高效的原因是：如果变量需要大量的存储空间，那么传递变量的值会浪费时间和空间。

可以使用单词 const 来表明函数不会改变指针参数所指向的对象。const 应放置在形式参数的声明中，后面紧跟着形参的类型说明：

```
void f (const int * p)
{
   * p = 0;                          //错误
}
```

这一用法表明 p 是指向"常整数"的指针。试图改变 * p 是编译器会检查的一种错误。

例 8-2　从键盘输入两个整数。用一个函数求出两个整数的大小顺序，要求用指针变量作函数参数，然后将结果在屏幕上显示。

编写程序(e8-2.c)：

```
#include <stdio.h>
int main()
{
  void swap(int * p1,int * p2);
  int a,b;
  int * pointer_1, * pointer_2;
  printf("Please enter a and b:");
  scanf("%d,%d",&a,&b);
  pointer_1=&a;
  pointer_2=&b;
  if(a<b) swap(pointer_1,pointer_2);
  printf("max=%d,min=%d\n",a,b);
  return 0;
}
void swap(int * p1,int * p2)
{
  int temp;
  temp= * p1;
   * p1= * p2;
   * p2=temp;
}
```

运行结果如下：

```
Please enter a and b: 8,90
max=90, min=8
```

8.3　指针作为返回值

我们不仅可以为函数传递指针，还可以编写返回指针的函数。返回指针的函数是相对普遍的应用。

当给定指向两个整数的指针时，下列函数返回指向两整数中较大数的指针。

```
int *max(int *a, int *b)
{
  if (*a > *b)
    return a;
  else
    return b;
}
```

调用 max 函数时,用指向两个 int 类型变量的指针变量作为参数,并且把结果存储在一个指针变量中。

```
int *p, i , j;
...
p = max(&i, &j);
```

调用 max 函数期间,*a 是 i 的别名,而 *b 是 j 的别名。如果 i 的值大于 j,那么 max 返回 i 的地址;否则,max 返回 j 的地址。调用函数后,p 可以指向 i,也可以指向 j。

这个例子中,max 函数返回的指针是作为实际参数传入的两个指针中的一个,但这不是唯一的选择。函数也可以返回指向外部变量或指向声明为 static 的局部变量的指针。

注意:永远不要返回指向自动局部变量的指针,如以下代码。

```
int * f (void)
{
  int i;
  ...
  return &i;
}
```

这是因为当函数 f 被调用后而返回时,函数 f 的局部变量的内存单元被收回,变量 i 就不存在了,所以指向变量 i 的指针也将是无效的。

指针可以指向数组元素,而不仅仅是普通变量。设 a 为数组,则 &a[i]是指向 a 中元素 i 的指针。当函数的参数中有数组时,返回一个指向数组中的某个元素的指针有时是有用的。例如,下面的函数假定数组 a 有 *n* 个元素,并返回一个指向数组中间元素的指针。

```
int * find_middle ( int a [ ], int n)
{
  return &a[n/2];
}
```

8.4 指针的运算及与数组的关系

本节介绍指针的另一种应用,即指针与数组之间的关系。C 语言中指针和数组的关系是非常紧密的,理解指针和数组之间的关系对于熟练掌握 C 语言非常关键,它能使我们深入了解 C 语言的设计过程，并且能够帮助我们理解现有的程序。

8.4.1　指针的算术运算和关系运算

指针可以指向数组元素。例如：

```
int a[10], *p;                    //定义 int 型数组 a 和指针变量 p
p = &a[0];                        //将元素 a[0]的地址赋值给 p,使 p 指向 a [0]
```

现在可以通过 p 访问 a [0]了。

```
*p = 5;                           //将 5 存入 a[0]所在存储单元中
```

通过在 p 上执行指针的算术运算(或称地址算术运算)，可以访问数组 a 的其他元素。但 C 语言只支持以下 3 种指针的算术运算。

- 指针加上整数。
- 指针减去整数。
- 两个指针相减。

下面仔细研究一下每种运算，所有例子都假设有如下声明。

```
int a[10], *p, *q, i;
```

1. 指针加上整数

指针 p 加上整数 j 产生了新的指针，该指针指向某个新的数组元素，这个新元素是 p 原来指向的元素后面的 j 个位置。例如，假设 p 原来指向数组元素 a [i]，那么 p+ j 指向 a[i+j]（前提是 a[i+j]必须存在）。下面的示例是指针的加法运算。

```
p = &a[2];
q = p + 3;
p += 6;
```

2. 指针减去整数

指针 p 减去整数 j 产生了新的指针，该指针指向某个新的数组元素，这个新元素是 p 原来指向的元素的前面 j 个位置。例如，假设 p 原来指向数组元素 a [i]，那么 p－j 指向 a[i－j]。下面的示例是指针的减法运算。

```
p = &a[8];
q = p-3;
p -= 6;
```

3. 两个指针相减

当两个指针相减时，结果为指针之间的距离，即指针之间相差多少个数组元素。例如，假设 p 原来指向 a [i]且 q 原来指向 a [j]，那么 p－q 就等于 i－j。下面是指针相减的示例。

```
p = &a[5];
```

```
q = &a[1];
i = p-q;                                //此时 i 为 4
i = q - p;                              //此时 i 为-4
```

注意：

(1) 只有在两个指针指向同一个数组时，指针相减才有意义。

(2) 在一个不指向任何数组元素的指针上执行算术运算，会导致无法预料的结果。

4. 指针比较

可以用关系运算符(＜、＜＝、＞和＞＝)和判等运算符(＝＝和!＝)进行指针比较。只有在两个指针指向同一数组时，用关系运算符进行的指针比较才有意义。比较的结果依赖于数组中两个元素的相对位置。例如：

```
p = &a[5];
q = &a[1];
```

此时 p＜＝q 的值是 0，p＞＝q 的值是 1。

8.4.2 指针和数组

1. 指向复合常量的指针

复合常量可以用于创建没有名称的数组。指针指向由复合常量创建的数组中的某个元素是合法的。例如下例中，先声明一个数组变量，然后用指针 p 指向数组的第一个元素。

```
int a[ ] = {3, 0, 3, 4 , 1};
int *p = &a[0];
```

使用复合常量可以减少一些麻烦：

```
int *p = (int [ ]) {3 , 0 , 3 , 4 , 1};
```

p 指向一个五元数组的第一个元素，这个数组包括 5 个整数：3、0、3、4 和 1。

2. 指针用于数组处理

指针的算术运算允许通过对指针变量进行重复自增访问数组的元素。下面这个对数组 a 中元素求和的程序段说明了这种方法。在这个示例中，指针变量 p 初始指向 a[0]，每次执行循环时对 p 进行自增，因此 p 先指向 a[1]，然后指向 a[2]，其他以此类推。在 p 指向数组 a 的最后一个元素后循环终止。

```
#define N 10
int a[N], sum, *p;
...
sum= 0;
for (p = &a[0]; p < &a [N]; p ++)
  sum += *p;
```

for 语句中的条件 p < &a[N]值得特别说明一下。尽管元素 a [N]不存在(数组 a 的下标为 0～N－1),但是对它使用取地址运算符是合法的。因为循环不会尝试检查 a[N]的值,所以在上述方式下使用 a[N]是非常安全的。执行循环体时,p 依次等于 &a[0],&a[1],…,&a[N－1],当 p 等于 &a[N]时,循环终止。

3. "＊"运算符和"＋＋"运算符的组合

C 语言程序员经常在处理数组元素的语句中组合指针运算符"＊"和自增运算符"＋＋"。例如,把值存入一个数组元素中,然后前进到下一个元素,利用数组下标可以这样写:

```
a[ i++ ] = j;
```

如果利用指针变量 p 指向数组元素,相应的语句是

```
*p++ = j;
```

因为后缀＋＋的优先级高于＊,所以编译器把上述语句看成

```
* (p++)= j;
```

p＋＋的值是 p,因为使用后缀＋＋,所以 p 只有在表达式计算出来后才可以自增,因此,＊(p＋＋)的值将是＊p,即 p 当前指向的对象。

如果编写为(＊p)＋＋,这个表达式返回 p 指向的对象的值,然后对对象进行自增,而 p 本身是不变化的。关于＊和＋＋组合的含义可以参考表 8-1。

表 8-1 关于＊和＋＋组合的含义

表 达 式	含 义
＊p＋＋或＊(p＋＋)	自增前表达式的值是＊p,以后再自增 p
(＊p)＋＋	自增前表达式的值是＊p,以后再自增＊p
＊＋＋p 或＊(＋＋p)	先自增 p,自增后表达式的值是＊p
＋＋＊p 或＋＋(＊p)	先自增＊p,自增后表达式的值是＊p

表 8-1 的这 4 种组合都可以出现在程序中,但有些组合比其他组合要常见,最常见到的就是＊p＋＋,它用在循环中是很方便的。对数组 a 的元素求和时,可以把以下语句

```
for (p = &a[0]; p< &a[N]; p++)
  sum += *p;
```

改写成

```
p = &a[0];
while (p < &a [N])
  sum+= *p++;
```

＊运算符和－－运算符的组合方法类似于＊和＋＋的组合。

4. 用数组名作为指针

指针的算术运算是数组和指针之间相互关联的一种方法,但这不是两者之间唯一的联

系。下面是另一种关键的关系：可以用数组的名字作为指向数组第一个元素的指针。这种关系简化了指针的算术运算，而且使数组和指针更加通用。例如：

```
int a[10];
* a = 7;                              //用 a 作为指向数组第一个元素的指针,可以修改 a[0]
* (a+1) = 12;                         //通过指针 a + 1 来修改 a[1]
```

通常情况下，a+i 等同于 &a[i]，两者都表示指向数组 a 中元素 i 的指针，并且 *(a+i) 等价于 a [i]，两者都表示元素 i 本身。换句话说，可以把数组的取下标操作看成指针算术运算的一种形式。

数组名可以用作指针这一事实使得编写遍历数组的循环更加容易。例如：

```
for (p = &a [0]; p < &a [N]; p ++)
  sum+= * p;
```

为了简化这个循环，可以用 a 替换 &a[0]，同时用 a ＋ N 替换 &a [N]。

```
for (p = a; p < a + N; p++)
  sum+= * p;
```

注意：虽然可以把数组名用作指针，但是不能给数组名赋新的值。试图使数组名指向其他地方是错误的。例如：

```
while ( * a != 0)
  a ++;                               //错误
```

事实上，这一限制并不会影响编程，我们可以把 a 复制给一个指针变量，然后改变该指针变量。例如：

```
p = a;
while ( * p != 0)
  p++;
```

例 8-3　一个整型数组 a 有 10 个元素，要求在屏幕上显示数组的全部元素。

编写程序(e8-3.c)：

```
#include <stdio.h>
int main()
{
  int a[10];
  int * p,i;
  printf("Please enter 10 integer numbers: ");
  for(i=0;i<10;i++)
    scanf("%d",&a[i]);
  for(p=a;p<(a+10);p++)
    printf("%d ", * p);              //用指针指向当前的数组元素
  printf("\n");
  return 0;
}
```

运行结果如下：

```
Please enter 10 integer numbers: 3 5 6 2 5 9 10 3 56 21
3 5 6 2 5 9 10 3 56 21
```

5. 用指针作为数组名

既然可以用数组名作为指针，C 语言也允许把指针看作数组名进行取下标操作，例如：

```
#define N 100
...
int a[N], i, sum= 0, *p = a;
...
for (i = 0; i < N; i ++)
  sum += p[i];
```

编译器把 p[i]看作 *(p+i)，这是指针算术运算非常正规的用法，它实际上非常有用。

例 8-4　通过指针变量输出整型数组 a 的 10 个元素。

编写程序(e8-4.c)：

```
#include <stdio.h>
int main()
{
  int i,a[10],*p=a;
  printf("Please enter 10 integer numbers: ");
  for(i=0;i<10;i++)
    scanf("%d",p++);
  p=a;
  for(i=0;i<10;i++,p++)
    printf("%d ",*p);
  printf("\n");
  return 0;
}
```

运行结果如下：

```
Please enter 10 integer numbers: 4 6 9 7 2 1 0 3 7 5
4 6 9 7 2 1 0 3 7 5
```

6. 数组型实际参数

数组名在传递给函数时总是被视为指针。下面的这个函数会返回整型数组中最大的元素。

```
int find_largest (int a[ ], int n)
{
```

```
    int i, max;
    max= a[0];
    for (i = 1; i< n; i++)
      if (a[i] > max)
        max = a[i];
    return max;
}
```

假设调用 find_largest 函数如下：

```
largest= find_largest (b, N);
```

这个调用会把指向数组 b 第一个元素的指针赋值给 a,数组本身并没有被复制。

把数组型形参看作指针会产生许多重要的结果。

(1) 在给函数传递普通变量时,变量的值会被复制：任何对相应的形参的改变都不会影响到变量。反之,因为没有对数组本身进行复制,所以作为实参的数组是可能被改变的。例如,下列函数可以通过在数组的每个元素中存储 0 来修改数组：

```
void store_zeros ( int a [ ] , int n)
{
  int i ;
  for (i = 0; i< n ; i++)
    a [i] = 0;
}
```

为了指明数组型形式参数不会被改变,可以在其声明中包含单词 const。

```
int find_largest(const int a[ ], int n)
```

如果参数中有 const,编译器会核实 find_largest 函数体中确实没有对 a 中元素的赋值。

(2) 给函数传递数组所需的时间与数组的大小无关。因为没有对数组进行复制,所以传递大数组不会产生不利的结果。

(3) 如果需要,可以把数组型形参声明为指针。例如,可以按如下形式定义 find_largest 函数。

```
int find_largest(int * a, int n)
{
  ...
}
```

声明 a 是指针就相当于声明它是数组。编译器把这两类声明看作是完全一样的。

(4) 对于形参而言,声明为数组跟声明为指针是一样的：但是对变量而言,声明为数组跟声明为指针是不同的。声明“int a [10];”会导致编译器预留 10 个整数的空间,但声明“int * a;”只会导致编译器为一个指针变量分配空间。在后一种情况下,a 不是数组,试图把它当作数组来使用可能会导致极糟的后果。例如,以下赋值：

```
* a= 0;                                    //错误
```

将在 a 指向的地方存储 0。因为我们不知道 a 指向哪里，所以对程序的影响是无法预料的。

(5) 可以给形参为数组的函数传递数组的“片段”。所谓片段是指连续的数组元素组成的序列。假设希望用 find_largest 函数来定位数组 b 中某一部分的最大元素，比如说元素 b[5]，b[6]，…，b[14]。调用 find_largest 函数时，将传递 b[5]的地址和数 10，表明希望 find_largest 函数从 b[5]开始检查 10 个数组元素。

```
largest = find_largest (&b[5], 10);
```

例 8-5　编写函数将数组 a 中 10 个整数按相反顺序存放，数组名作为函数参数。

编写程序(e8-5.c)：

```
#include <stdio.h>
int main()
{
  void inv(int x[ ],int n);
  int i,a[10]={5,8,2,4,23,47,56,12,89,56};
  printf("The original array:\n");
  for(i=0;i<10;i++)
    printf("%d ",a[i]);                    //输出未交换时数组各元素的值
  printf("\n");
  inv(a,10);                               //调用 inv 函数进行交换
  printf("The array has been inverted: \n");
  for(i=0;i<10;i++)
    printf("%d ",a[i]);                    //输出交换后数组各元素的值
  printf("\n");
  return 0;
}
void inv(int x[ ],int n)                   //形参 x 是数组名
{
  int temp,i,j,m=(n-1)/2;
  for(i=0;i<=m;i++)
  {
    j=n-1-i;
    temp=x[i];x[i]=x[j];x[j]=temp;         //把 x[i]和 x[j]交换
  }
  return;
}
```

运行结果如下：

```
The original array:
5 8 2 4 23 47 56 12 89 56
The array hasbeen inverted:
56 89 12 56 47 23 4 2 8 5
```

例 8-6 编写函数,将数组 a 中 10 个整数按相反顺序存放,指针作为函数参数。

编写程序(e8-6.c):

```
#include <stdio.h>
int main()
{
  void inv(int * x,int n);
  int i,a[10]={8,56,23,44,78,237,54,68,98};
  printf("The original array:\n");
  for(i=0;i<10;i++)
    printf("%d ",a[i]);
  printf("\n");
  inv(a,10);
  printf("The array has been inverted:\n");
  for(i=0;i<10;i++)
    printf("%d ",a[i]);
  printf("\n");
  return 0;
}
void inv(int * x,int n)                              //形参 x 是指针变量
{
  int * p,temp, * i, * j,m=(n-1)/2;
  i=x;j=x+n-1;p=x+m;
  for(;i<=p;i++,j--)
  {
    temp= * i; * i= * j; * j=temp;
  }                                                  //* i 与 * j 交换
  return;
}
```

运行结果如下:

```
The original array:
8 56 23 44 78 237 54 68 98 0
The array has been inverted:
0 98 68 54 237 78 44 23 56 8
```

8.4.3 指针和多维数组

就像指针可以指向一维数组的元素一样,指针还可以指向多维数组的元素。本节将探讨用指针处理多维数组元素的常用方法。为简单起见,这里只讨论二维数组,但所有内容都可以应用于更高维的数组。

1. 处理多维数组的元素

由已学知识可知，C 语言按行主序存储二维数组，换句话说，先是第 0 行的元素，接着是第 1 行的，其他以此类推。使用指针时可以利用这一布局特点。如果使指针 p 指向二维数组中的第一个元素(即 0 行 0 列的元素)，就可以通过重复自增 p 的方法访问数组中的每一个元素。

作为示例，一起来看看把二维数组的所有元素初始化为 0 的问题。假设数组的声明如下：

```
int a[NUM,_ROWS][NUM_COLS];
```

显而易见的方法是用嵌套的 for 语句。

```
int row, col;
for(row = 0; row < NUM_ROWS; row++)
  for (col = 0; col< NUM_COLS; col++)
    a[row] [col] = 0;
```

但是，如果把 a 看成一维的整型数组，那么就可以把上述两个循环改成一个循环了。

```
int *p;
for (p = &a [0] [0]; p <= &a(NUM_ROWS-1] [NUM_COLS-1]; p++)
  *p = 0;
```

循环开始时 p 指向 a [0][0]。对 p 连续自增，可以使指针 p 指向 a [0][1]、a[0][2]、a[0][3] 等。当 p 达到 a[0] [NUM_COLS－1](即第 0 行的最后一个元素)时，再次对 p 自增将使它指向 a[1][0]，也就是第 1 行的第 1 个元素。这一过程持续进行，直至 p 越过 a[NUM_ROW－1][NUM_COLS－1]，即数组中的最后一个元素为止。

把二维数组当成一维数组来处理有时会破坏程序的可读性，但是对一些老的编译器来说，这种方法在效率方面得到了补偿。不过，对许多现代的编译器来说，这样所获得的速度优势往往极少甚至完全没有。

2. 处理多维数组的行

处理二维数组的一行中的元素，该怎么办呢？再次选择使用指针变量 p。为了访问到第 i 行的元素，需要初始化 p 使其指向数组 a 中第 i 行的元素 0。

```
p = &a[i] [0];
```

对于任意的二维数组 a 来说，由于表达式 a[i] 是指向第 i 行中第 1 个元素(元素 0)的指针，上面的语句可以简写为：

```
p=a[i];
```

为了了解原理，回顾一下把数组取下标和指针算术运算关联起来的那个神奇公式：对于任意数组 a 来说，表达式 a [i] 等价于 * (a+i)，因此 &a [i][0]等同于 &(* a[i]+0)，而后者等价于 & * a[i]；又因为 & 和 * 运算符可以抵消，也就等同 a[i]。下面的循环对数组 a

的第 i 行清零，其中用到了这一简化。

```
int a[NUM_ROWS][NUM_COLS], *p , i;
...
for (p = a [ i ]; p < a [ i ]+ NUM_COLS; p++)
  *p = 0;
```

因为 a [i]是指向数组 a 的第 i 行的指针，所以可以把 a[i]传递给需要用一维数组作为实参的函数。换句话说，使用一维数组的函数也可以使用二维数组中的一行。因此，诸如 find_largest 和 store_zeros 这类函数比我们预期的更加通用。最初设计用来找到一维数组中最大元素的 find_largest 函数，现在同样可以用来确定二维数组 a 中第 L 行的最大元素。

```
largest= find_largest (a[i], NUM_COLS);
```

3. 处理多维数组的列

处理二维数组的一列中的元素就没那么容易了，因为数组是按行而不是按列存储的。下面的循环对数组 a 的第 1 列清零。

```
int a[NUM_ROWS] [NUM_COLS], (*p) [NUM_COLS], i;
...
for (p = &a [0]; p < &a[NUM_ROWS]; p++)
  (*p) [i] = 0;
```

这里把 p 声明为指向长度为 NUM_COLS 的整数型数组的指针。在(*p)[NUM_COLS]中，*p 是需要使用括号的，如果没有括号，编译器将认为 p 是指针数组，而不是指向数组的指针。表达式 p++把 p 移到下一行的开始位置。在表达式(*p)[i]中，*p 代表 a 的一整行，因此(*p)[i]选中了该行第 i 列的那个元素。(*p)[i]中的括号是必要的，因为编译器会将(*p)[i]解释为*(p[i])。

4. 用多维数组名作为指针

就像一维数组的名字可以用作指针一样，无论数组的维数是多少都可以采用任意数组的名作为指针，但是需要特别小心。思考下列数组。

```
int a [NUM_ROWS][NUM_ COLS];
```

a 不是指向 a[0][0]的指针，而是指向 a[0]的指针。从 C 语言的观点来看，这样是有意义的。C 语言认为 a 不是二维数组而是一维数组，且这个一维数组的每个元素又是一维数组。用作指针时，a 的类型是 int(*)[NUM_COLS]，即指向长度为 NUM_COLS 的整型数组的指针。

了解 a 指向的是 a[0][0]，有助于简化处理二维数组元素的循环。例如，为了把数组 a 的第 i 列清零，可以用代码 1 来取代代码 2。

代码 1：

```
for (p = &a[0]; p <&a+[NUM_ROWS]; p++)
```

```
(*p)[i]=0;
```

代码 2：

```
for (p = a; p <a+ NUM_ROWS; p++)
  (*p)[i] = 0;
```

另一种应用是巧妙地让函数把多维数组看成一维数组。例如，思考如何使用 find_largest 函数找到二维数组 a 中的最大元素。可以把 a(数组的地址)作为 find_largest 函数的第一个实际参数，把 NUM_ROWS * NUM_COLS(数组 a 中的元素总数量)作为第二个实际参数。

```
largest = find_largest(a, NUM_ROWS * NUM_COLS);        //错误
```

这条语句不能通过编译，因为 a 的类型为 int (*)[NUM_COLS]，而 find_largest 函数期望的实际参数类型是 int *。正确的调用是：

```
largest= find_largest(a[0], NUM_ROWS * NUM_COLS);
```

a[0]指向第 0 行的元素 0，类型为 int *(编译器转换以后)，所以这一次调用将正确地执行。

例 8-7　已知一个 3×4 的二维数组，用指向元素的指针变量在屏幕上显示二维数组各元素的值。

编写程序(e8-7.c)：

```
#include <stdio.h>
int main()
{
  int a[3][4]={7,9,4,32,78,54,53,69,51,73,82,510};
  int *p;
  for(p=a[0];p<a[0]+12;p++)
  {
    if((p-a[0])%4==0)
      printf("\n");
    printf("%4d",*p);
  }
  printf("\n");
  return 0;
}
```

运行结果如下：

```
  7   9   4  32
 78  54  53  69
 51  73  82 510
```

8.5 通过指针引用字符串

8.5.1 字符串的引用方式

在 C 程序中,字符串是存放在字符数组中的。想引用一个字符串,可以用以下两种方法。

(1) 用字符数组存放一个字符串,可以通过数组名和下标引用字符串中一个字符,也可以通过数组名和格式声明"%s"来输出该字符串。

(2) 用字符指针变量指向一个字符串常量,通过字符指针变量引用字符串常量。

例 8-8 通过字符指针变量在屏幕上显示一个字符串。

编写程序(e8-8.c):

```
#include <stdio.h>
int main()
{
  char * string="Let's study C programming!";
  printf("%s\n",string);
  return 0;
}
```

运行结果如下:

```
Let's study C programming!
```

8.5.2 字符指针作函数参数

如果想把一个字符串从一个函数"传递"到另一个函数,可以用地址传递的办法,即用字符数组名作参数,也可以用字符指针变量作参数。在被调用的函数中可以改变字符串的内容,在主调函数中可以引用改变后的字符串。

例 8-9 用函数调用实现两个字符串的复制。

编写程序(e8-9.c):

```
#include <stdio.h>
int main()
{
  void copy_string(char * from, char * to);
  char * a="I like C programming.";
  char b[]="I like Python.";
  char * p=b;                                   //使指针变量 p 指向 b 数组的首元素
  printf("string a=%s\nstring b=%s\n",a,b);     //输出 a 串和 b 串
```

```
    printf("\nCopy string a to string b:\n");
    copy_string(a,b);
                                        //调用 copy_string 函数来实现复制
    printf("string a=%s\nstring b=%s\n",a,b);
    return 0;
}
void copy_string(char * from, char * to)          //定义函数,形参为字符指针变量
{
    for(; * from!='\0';from++,to++)
    {
        * to= * from;
    }
    * to='\0';
}
```

运行结果如下：

```
string a=I like C programming.
string b=I like Python.
Copy string a to string b:
string a=I like C programming.
string b=I like C prrogramming.
```

8.5.3 使用字符指针变量和字符数组的比较

用字符数组和字符指针变量都能实现字符串的存储和运算,但它们二者之间是有区别的,不应混为一谈,主要有以下几点。

(1) 字符数组由若干个元素组成,每个元素中放一个字符,而字符指针变量中存放的是地址(字符串第1个字符的地址),绝不是将字符串放到字符指针变量中。

(2) 赋值方式。可以对字符指针变量赋值,但不能对数组名赋值。

(3) 初始化的含义。字符数组初始化的是字符元素,字符指针变量初始化的是地址。

(4) 存储单元的内容。编译时为字符数组分配若干存储单元,以存放各元素的值,而对字符指针变量,只分配一个存储单元(Visual C++ 为指针变量分配4字节),以放地址。

(5) 指针变量的值是可以改变的;而数组名代表着固定的值(数组首元素的地址),不能改变。

(6) 字符数组中各元素的值是可以改变的(可以对它们再赋值),但字符指针变量指向的字符串常量中的内容是不可以被取代的(不能对它们再赋值)。

(7) 引用数组元素。对字符数组可以用下标法(用数组名和下标)引用一个数组元素(如 a[5]),也可以用地址法(如 a+5)引用数组元素 a[5]。如果定义了字符指针变量 p,并使它指向数组 a 的首元素,则可以用指针变量带下标的形式引用数组元素(如 p[5]),同样,可以用地址法(如 p+5)引用数组元素 a[5]。

(8) 用指针变量指向一个格式字符串,可以用它代替 printf 函数中的格式字符串。

实　　验

1. 实验目的

(1) 掌握指针和间接访问的概念,会定义和使用指针变量。

(2) 能正确使用数组的指针和指向数组的指针变量。

(3) 能正确使用字符串的指针和指向字符串的指针变量。

2. 实验要求

(1) 使用指针变量编写以下程序。

(2) 输入源程序并运行程序。

(3) 调试程序直至得到正确的运行结果。

3. 实验内容

(1) 输入 3 个字符串,按由小到大顺序在屏幕上显示。

(2) 有 n 个人围成一圈,顺序排号。从第 1 个人开始报数(从 1～3 报数),凡报到 3 的人退出圈子,求出最后留下的人原来是第几号。

(3) 按照以下要求分别编写 3 个函数实现程序:一个班有 4 个学生及 5 门课程。

① 求第一门课程的平均分。

② 找出有两门以上课程不及格的学生,输出他们的学号、全部课程成绩及平均成绩。

③ 找出平均成绩在 90 分以上或全部课程成绩在 85 分以上的学生。

本实验答案

练　　习

1. 简答题

(1) 什么是指针? 什么是指针变量?

(2) 举例说明如何使用取地址运算符和指针运算符。

(3) 数组元素、数组名、指针变量作为函数参数分别如何进行传递?

（4）比较使用字符指针变量和字符数组的相同之处和不同之处。

2. 编程题

以下编程题均要求用指针方法处理。

（1）输入3个整数，按由小到大的顺序输出。

（2）输入一行文字，求出其中大写字母、小写字母、空格、数字以及其他字符各有多少。

（3）编写一个函数，将一个3×3的整型矩阵转置。从键盘输入矩阵，在屏幕上显示结果。

（4）编写一个程序，从键盘输入月份号，从屏幕显示该月份的英文名字，要求用指针数组处理。

本练习答案

第9章　结构体、共用体和枚举

本章学习要点：

(1) 结构体、共用体和枚举的类型定义。

(2) 结构体作为函数的参数和返回值。

(3) 结构体指针。

(4) 用指针处理链表。

9.1　结　构　体

前面介绍的数组类型是一种相同类型数据组成的组合型数据结构。C语言允许用户自己建立由不同类型数据组成的组合型数据结构，即结构体。结构体与数组不同之处有两点：数组的所有元素具有相同的类型，并且为了选择数组元素，需要指明元素的位置，即数组元素的下标；而结构体的成员可以具有不同的类型，且每个结构体成员都有名字，因而在选择特定的结构体成员时需要指明的是结构体成员的名字而不是它的位置。

有的编程语言把结构体称为记录(record)，把结构体的成员称为字段(field)。

9.1.1　结构体类型和结构体变量的定义

当需要存储不同类型的相关数据的集合时，结构体是一种合乎逻辑的选择。首先我们需要声明结构体类型，声明结构体类型的一般形式为：

```
struct 结构体名称
{
  类型名 成员名;
};
```

其中，struct是必须使用的关键字，不能省略。花括号内的是结构体所包含的成员，每个成员都要进行类型声明。类型、成员、变量的命名都要符合标识符命名规则。在用户声明了结构体类型以后，结构体类型与系统提供的标准类型一样，可以用来定义该结构体类型的变量。只不过结构体类型需要用户自己定义，而标准类型是系统已经定义了的。

例如，假设需要记录存储在仓库中的零件，用来存储每种零件的信息，包括零件的编号(整数)、零件的名称(字符串)、现有零件的数量(整数)。这样，我们需要首先声明一个可以存储这三类数据的结构体类型，然后再定义这个结构体类型的变量。下面的代码声明了一个名为 Part 的结构体类型。

```
struct Part
{
  int number;
  char name [20];
  int on_hand;
};
```

这个 Part 结构体类型包含了三类成员：number(零件的编号)、name(零件的名称)和 on_hand(现有数量)。

系统并不给声明的结构体类型分配内存单元，而是在定义了结构体类型的变量之后，给每个变量分配对应长度的内存单元。定义结构体类型变量有以下三种方式。

(1) 先声明结构体类型，再定义该类型的变量。用这种方法定义结构体类型变量与用标准类型定义变量的方法类似，它的一般形式是：

```
struct  结构体类型名称  变量名称
```

例如，用上面声明的 Part 结构体类型来定义两个名为 p1、p2 的变量。

```
struct Part p1, p2;
```

这种方法的特点是定义了结构体类型之后可以随时随地定义结构体变量，程序结构清晰，使用灵活方便且便于维护，尤其适用于编写较长程序。

(2) 声明结构体类型的同时定义结构体变量。这种方法的一般形式为：

```
struct  结构体名称
{
  成员列表
}变量名列表;
```

例如：

```
struct Part
{
  int number;
  char name [20];
  int on_hand;
}p1, p2;
```

这里定义结构体变量的格式与定义标准类型变量的格式一样，struct Part{…}指明了类型，而 p1、p2 则是具有这种类型的变量。这种方法在编写较小的程序时比较直观、方便，但在编写大程序时很少用。

(3) 不指定结构体类型名称而直接定义结构体变量。这种方法的一般形式为：

```
struct
{
  成员列表
```

```
}变量名列表;
```

例如：

```
struct
{
  int number;
  char name [20];
  int on_hand;
}p1, p2;
```

这种方法显然定义了一次变量后，无法再以此结构体类型定义变量，因而适用于编写小程序。

注意：

(1) 结构体变量的成员在内存中是按照声明的顺序存储的。

(2) 每个结构体是一个独立的作用域，声明在此作用域内的名字不会和程序中的其他名字冲突。例如，下列声明可以出现在同一程序中。

```
struct Part{
  int number;
  char name [20];
  int on_hand;
} p1, p2;
struct Employee{
  char name[20];
  int number;
  char sex;
} e1, e2;
```

结构体变量 p1、p2 中的成员 number、name 不会与结构体变量 e1、e2 中的成员 number、name 相冲突。

9.1.2 结构体变量的初始化

1. 声明结构体类型时初始化

和数组一样，结构体变量也可以在声明的同时进行初始化。为了对结构体进行初始化，要把待存储到结构体中的值的列表准备好并用花括号把它括起来，例如：

```
struct Part
{
  int number;
  char name[20];
  int on_hand;
} p1 = {528, "Disk drive", 10},
  p2 = {914, "Printer cable", 5};
```

初始化式中的值必须按照结构体成员的顺序进行显示。如在此例中，结构体变量 p1 的成员 number 值为 528，成员 name 的值为 Disk drive，成员 on_hand 的值为 10。

结构体初始化式遵循的原则类似于数组初始化式的原则。

注意：

（1）用于结构体初始化时的表达式必须是常量，不能用变量来初始化结构体变量的成员。

（2）初始化式中的成员数可以少于它所初始化的结构体，这种情况下，就像数组那样，任何“剩余的”成员都被系统自动初始化：数值型为 0，字符型为'\0'、指针型为 NULL。

2. 进行初始化

与数组可以进行初始化一样，结构体也可以进行初始化，但是在初始化时需要对变量的每个成员名赋初始值。如 9.1.1 小节例子中 p1 的指定初始化式为：

```
{ .number = 528, .name = "Disk drive", .on_hand=10}
```

将点号和成员名称的组合称为指示符。

指定初始化式有两个优点。

（1）易读、易验证，因为读者可以清楚地看出结构体中的成员和初始化式中的值之间的对应关系。

（2）初始化式中的值的顺序不需要与结构体中成员的顺序一致。如上例指定初始化式也可以写为：

```
{.on_hand = 10, .name="Disk drive", .number= 528}
```

指定初始化式中列出来的值的前面不一定要有指示符，如指定初始化式可写为如下：

```
{.number = 528, "Disk drive", .on_hand = 10}
```

值"Disk drive"的前面并没有指示符，编译器会自动认为它用于初始化结构体中位于 number 之后的成员。

9.1.3 结构体变量的引用

结构体最常用的操作是引用成员，结构体成员是通过名字进行访问的。引用结构体变量的成员的一般形式为：

```
结构体变量名.成员名
```

例如，下列对结构体变量 p1 的成员的引用为合法的。

```
printf ("The number of p1 is: %d\n", p1.number);
```

只能对结构体变量中各成员分别进行输入或输出，而不能用结构体变量名将所有成员输出或输入。例如，下面的语句是错误的。

```
printf ("The parts of p1 are: %d\n", p1);
```

结构体的成员是左值,所以它们可以出现在赋值运算的左侧,也可以作为自增或自减表达式的操作数,例如:

```
p1.name="Microphone";
p1.on_hand++;
```

可以引用结构体变量或者结构体变量成员的地址。结构体变量名与数组变量名一样,代表结构体变量成员的首地址(数组变量名代表数组元素首地址)。下面的语句是合法的。

```
scanf ("%d", &p1.on_hand);            //从键盘输入成员 p1.on_hand 的值并存到其内存单元
printf ("The first address of p1 is: %d\n", &p1);  //输出结构体变量 p1 的首地址
```

其中,表达式 &p1.on_hand 包含两个运算符:地址运算符"&"和成员运算符"."。由于成员运算符优先级高于地址运算符,因而,"&"计算的是 p1.on_hand 的地址。

相同类型的结构体变量可以互相赋值的。如上例中:

```
p2 = p1;
```

这一语句的结果是把 p1 的三个成员分别复制到 p2 的三个成员中。

数组不能用赋值运算符进行复制,但是结构体可以用赋值运算符进行复制。而且对结构体进行复制时,如果有嵌在结构体内的数组,其也得到了复制。因而,可以利用结构体的这种性质先产生一个包含数组成员的"空"结构体,稍后将进行复制。例如:

```
struct A
{
  int b[3];
} a1={1,2,3}, a2;
a2 = a1;
```

注意:除了赋值运算,C语言没有提供其他用于整个结构体变量的操作,特别是不能使用运算符"=="和"!="来判断两个结构体变量是相等或不相等。

9.2 结构体作为参数和返回值

函数可以有结构体类型的实参和返回值。下例中,函数 print_part 在屏幕上显示结构体的成员,调用该函数时把 p1 结构体变量用作实际参数。

```
void print_part(struct Part p)
{
  printf ("Part number:%d\n", p.number);
  printf ("Part name: %s\n", p.name);
  printf ("Quantity on hand: %d\n", p.on_hand);
}
```

下面是调用 print_part 的语句。

```
print_part (p1);
```

下面这个函数 build_part 的返回值为 Part 结构体类型的变量，此结构体变量的成员值为函数的实际参数值：

```
struct Part build_part (int number, const char* name, int on_hand)
{
  struct Part p;
  p.nurnber = number;
  strcpy (p.name, name);
  p. on_hand = on_hand;
  return p;
}
```

注意：函数 build_part 的形式参数名和结构体 Part 的成员名相同是合法的，因为结构体拥有自己的名称空间。下面是调用 build_part 的语句。

```
p1 = build_part(528, "Disk drive", 10);
```

给函数传递结构体变量和从函数返回结构体变量都要求生成结构体中所有成员的副本。这样的结果是这些操作对程序强加了一定数量的系统开销，特别是结构体很大的时候。为了避免这类系统开销，有时用传递指向结构体变量的指针来代替传递结构体本身是很明智的做法。类似地，可以使函数返回指向结构体变量的指针来代替返回实际的结构体变量。

有时，可能希望在函数内部初始化结构体变量来匹配其他结构体（可能作为函数的形式参数）。在下例中，p2 的初始化式利用了传递给函数 f 的形参。

```
void f (struct Part p1)
{
  struct Part p2 = p1;
  ...
}
```

C 语言允许这类初始化式，因为初始化的结构体变量（此例中的 p2）具有自动存储期限，也就是说它局限于函数内部并且没有声明为 static。初始化式可以是适当类型的任意表达式，包括返回结构体变量的函数调用。

9.3　嵌套的数组和结构体

9.3.1　嵌套的结构体

一种结构体类型的变量作为成员嵌套在另一种结构体类型中有时是非常有用的。例如，假设声明了如下的结构体类型，此结构用来存储一个人的名、中间名和姓。

```
struct Person_name
```

```
{
  char first[10];
  char middle_initial;
  char last [10];
}
```

可以用结构体 Person_name 作为另一个结构体类型的一个成员。

```
struct Student
{
  struct Person_name name;
  int id, age;
  char sex;
} s1, s2;
```

访问 s1 的名字、中间名或姓需要两次应用成员运算符，例如：

```
strcpy(s1.name. first, "Fred");
```

使 name 成为结构体，而不是把 first、middle_initial 和 last 作为 Student 结构体成员的好处之一，就是可以把名字作为数据单元来处理更容易。例如，如果打算编写函数来显示名字，只需要传递一个 Person_name 结构体类型的实参，而不是三个 char 类型的实参：

```
display_name(s1.name);
```

同样地，把数据从结构体 Person_name 复制给结构体 Student 的成员 name 将只需要一次赋值即可，而无须三次。

```
struct Person_name new_name;
s1.name = new_name;
```

9.3.2 结构体数组

结构体和数组的组合可以是：数组有结构体作为元素；结构体包含数组作为成员。我们在前面已经看过数组变量作为成员嵌套在结构体类型内部的示例，如前例中结构体类型 Part 的成员 name 为数组类型。数组和结构体较常见的组合之一就是数组的元素为结构体类型，即结构体数组，这类数组可以用作简单的数据库。

1. 结构体数组的定义

定义结构体类型的数组变量的一般形式有以下两种。

(1) 在声明结构体类型的时候直接定义数组变量。

```
struct 结构体名称
{
  成员列表
} 数组名[数组长度];
```

(2) 先声明一个结构体类型,再用此结构体类型定义结构体数组变量。

```
结构体类型 数组名[数组长度];
```

例如:

```
struct Part inventory[100];
```

结构体 Part 类型的数组 inventory 能够存储 100 种零件的数据。

2. 结构体数组的初始化

对结构体数组初始化的形式是在定义数组时加上初始化式:

```
={初值列表};
```

例如:

```
struct Person
{
  char name[20];
  int count;
} leader[3] ={"Li", 0, "Zhang", 0, "Sun", 0};
```

或

```
struct Person
{
  char name[20];
  int count;
};
struct Person leader[3]={"Li", 0, "Zhang", 0, "Sun", 0};
```

3. 结构体数组的引用

(1) 为了访问结构体数组中的某个元素,可以使用取下标方式。如上例中,通过调用 9.2 节中定义的函数 print_part 在屏幕显示零件 inventory 的下标为 i 的各个成员值。

```
print_part (inventory[i]);
```

(2) 为了访问结构体数组中某一元素的某成员,可以结合使用取下标和成员选择。例如,给结构体数组元素 inventory[i]中的成员 number 赋值 883。

```
inventory[i].number= 883;
```

(3) 为了访问结构体数组元素中的某个数组成员的某一字符,可以先取下标来选择某一数组元素,然后再选择该元素的某数组成员,最后再取下标来选择数组成员中的某一字符。例如,给存储在 inventory[i]中名称的第一个字符赋值为'A'。

```
inventory[i]. name [0]= 'A';
```

例 9-1　有 10 个选民给 5 个候选人进行投票,每个选民只能给一位候选人投票。编写程序，对选票进行唱票统计：从键盘输入每张投票的人选，然后针对每位候选人进行选票统计，最后在屏幕输出每位候选人的得票结果。

编写程序(e9-1.c)：

```
#include <string.h>
#include <stdio.h>
struct person                                          //声明结构体类型 struct person
{
  char name[20];                                       //候选人姓名
  int count;                                           //候选人得票数
}leader[5]={"Zhang",0,"Wang",0,"Li",0,"Zhao",0,"Sun",0};
                                                       //定义结构体数组并初始化
int main()
{
  int i,j;
  char leader_name[20];                                //定义字符数组
  for (i=1;i<=10;i++)                                  //10个选民
  {
    scanf("%s",leader_name);                           //输入所选的候选人姓名
    for(j=0;j<5;j++)
      if(strcmp(leader_name,leader[j].name)==0) leader[j].count++;
  }
  printf("\nResult:\n");
  for(i=0;i<5;i++)
    printf("%5s:%d\n",leader[i].name,leader[i].count);
  return 0;
}
```

运行结果如下：

```
Li
Zhang
Wang
Li
Sun
Wang
Zhao
Li
Wang
Sun

Result:
Zhang: 1
Wang: 3
  Li: 3
Zhao: 1
  Sun: 2
```

9.4　结构体指针

一个指向结构体变量的指针变量存储的是这个结构体变量的起始地址，因而我们说这个指针变量就指向该结构体变量。

9.4.1　指向结构体变量的指针

指向结构体变量的指针变量既可指向结构体变量，也可指向结构体数组中的元素。指针变量的基类型必须与结构体变量的类型相同。例如：

```
struct Student pt;                //pt 可以指向 struct Student 类型的变量或数组元素
```

例 9-2　利用指向 Student 结构体类型的一个变量的指针变量，在屏幕上显示该结构体变量中的所有成员值。

编写程序(e9-2.c)：

```
#include <stdio.h>
#include <string.h>
int main()
{
  struct Student
  {
    long num;
    char name[20];
    char sex;
    float score;
  };
  struct Student s1;                //定义 struct student 类型的变量 stu_1
  struct Student * p;               //定义指向 struct student 类型数据的指针变量 p
  p=&s1;                            //p 指向 stu_1
  s1.num=20220101;                  //对结构体变量的成员赋值
  strcpy(s1.name,"Zhang Qiang");
  s1.sex='M';
  s1.score=90;
  printf("No.:%ld\nname:%s\nsex:%c\nscore:%5.1f\n",s1.num,s1.name,s1.sex,s1.
  score);                           //输出
  printf("\nNo.:%ld\nname:%s\nsex:%c\nscore:%5.1f\n",(*p).num,(*p).name,
  (*p).sex,(*p).score);
  return 0;
}
```

运行结果如下：

```
No.: 20220101
name: Zhang Qiang
sex: M
score: 90

No.: 20220101
name: Zhang Qiang
sex: M
score: 90
```

如果一个指针变量指向一个结构体变量,以下 3 种用法等价。

(1) 结构体变量名.成员名,如 s1. num。

(2) (* 指针变量).成员名,如(* p. num)。

(3) 指针变量→成员名,如 p→num。

9.4.2 指向结构体数组的指针

可以用指针变量指向结构体数组的元素。

例 9-3 定义一个结构体数组,存放 5 个学生的信息,包括学号、姓名、性别、年龄,并利用指向结构体数组变量的指针将所有学生的成员值显示在屏幕上。

编写程序(e9-3.c):

```
#include <stdio.h>
struct Student
{
  int num;
  char name[20];
  char sex;
  int age;
};
struct Student s[5]=
{
  {20220101, "Zhang Qiang", 'M', 18},
  {20220102, "Wang Fan", 'M', 19},
  {20220103, "Li Hong", 'F', 19},
  {20220104, "Zhao Min", 'F', 20},
  {20220105, "Sun Liang", 'M', 18}
};                                        //定义结构体数组并初始化
int main()
{
  struct Student *p;                      //定义指向 struct student 结构体的数组
  printf(" No.         name               sex    age\n");
  for (p=s;p<s+5;p++)
```

```
    printf("%8d %-20s %2c %4d\n",p->num, p->name, p->sex, p->age);
  return 0;
}
```

运行结果如下：

```
No.        name          sex    age
20220101   Zhang Qiang   M       18
20220102   Wang Fan      M       19
20220103   Li Hong       F       19
20220104   Zhao Min      F       20
20220105   Sun Liang     M       18
```

9.4.3　用结构体变量和结构体变量的指针作函数参数

将一个结构体变量的值传递给另一个函数，有三个方法。

(1) 用结构体变量的成员作参数。例如，用 s[1].num 或 s[2].name 作函数实参，将实参值传给形参。用法和用普通变量作实参是一样的，属于“值传递”方式。应注意实参与形参的类型要保持一致。

(2) 用结构体变量作实参。用结构体变量作实参时，采取的也是“值传递”的方式，将结构体变量所占的内存单元的内容全部按顺序传递给形参，形参也必须是同类型的结构体变量。在函数调用期间，形参也要占用内存单元。这种传递方式在空间和时间上开销较大，一般较少用这种方法。

(3) 用指向结构体变量(或数组元素)的指针作实参，将结构体变量(或数组元素)的地址传给形参。

例 9-4　定义长度为 *n* 的结构体数组变量来保存 *n* 个学生的信息：学号、姓名、3 门课程的成绩、平均成绩。设计 3 个函数分别实现如下功能：从键盘输入各学生的信息；求 *n* 个学生中平均成绩最高的学生；在屏幕上显示平均成绩最高的学生的各个信息。输入 5 个学生的信息并实现以上功能。

分析：

(1) 设计的三个函数分别如下。

① 用 input 函数来从键盘输入学生的信息数据和求各学生的平均成绩。

② 用 max 函数来寻找平均成绩最高的学生。

③ 用 print 函数来从屏幕显示平均成绩最高学生的信息。

(2) 调用三个函数的方法如下。

① 调用 input 函数时，实参是指针变量 p，形参是结构体数组变量，传递的是结构体数组元素的地址，函数无返回值。

② 调用 max 函数时，实参是指针变量 p，形参是结构体数组变量，传递的是结构体元素的地址，函数的返回值是结构体数组变量。

③ 调用 print 函数时，实参是结构体数组变量，形参是结构体变量，传递的是结构体数

组变量中各成员的值,函数无返回值。

编写程序(e9-4.c):

```
#include <stdio.h>
#define N 5                                   //学生数为5
struct student                                //建立结构体类型 struct student
{
  int num;                                    //学号
  char name[20];                              //姓名
  float score[3];                             //3门课成绩
  float aver;                                 //平均成绩
};
int main()
{
  void input(struct student stu[]);           //函数声明
  struct student max(struct student stu[]);   //函数声明
  void print(struct student stu);             //函数声明
  struct student stu[N], * p=stu;             //定义结构体数组和指针
  input(p);                                   //调用 input 函数
  print(max(p));                         //调用 print 函数,以 max 函数的返回值作为实参
  return 0;
}
void input(struct student stu[])              //定义 input 函数
{
  int i;
  printf("请输入各学生的信息:学号、姓名、三门课成绩\n");
  for(i=0;i<N;i++)
  {
    scanf ("%d %s %f %f %f",&stu[i].num,stu[i].name, &stu[i].score[0],&stu[i].
          score[1],&stu[i].score[2]);         //输入数据
    stu[i].aver=(stu[i].score[0]+stu[i].score[1]+stu[i].score[2])/3.0;
                                              //求各人的平均成绩
  }
}
struct student max(struct student stu[])      //定义 max 函数
{
  int i,m=0;                                  //用m存放成绩最高的学生在数组中的序号
  for(i=0;i<N;i++)
    if (stu[i].aver>stu[m].aver) m=i;         //找出平均成绩最高的学生在数组中的序号
  return stu[m];                              //返回包含该生信息的结构体元素
}
void print(struct student stud)               //定义 print 函数
{
  printf("\n成绩最高的学生是\n");
  printf("学号:%d\n姓名:%s\n三门课成绩:%5.1f,%5.1f,%5.1f\n平均成绩:%6.2f\n",
```

```
    stud.num,stud.name,stud.score[0],stud.score[1],stud.score[2],stud.aver);
}
```

运行结果如下：

```
请输入各学生的信息：学号、姓名、三门课成绩
1 Zhang 89 90 78
2 Wang 98 89 92
3 Li 87 78 85
4 Zhao 78 76 77
5 Sun 82 84 90

成绩最高的学生是
学号：2
姓名：Wang
三门课成绩：98.0, 89.0, 92.0
平均成绩：93.0
```

9.5　用指针处理链表

1. 什么是链表

链表是一种常见的重要数据结构，它是动态地进行存储分配的一种结构，会根据需要开辟内存单元，不像数组那样浪费内存。

链表有一个"头指针"变量，它存放一个地址，该地址指向一个元素。链表中每一个元素称为"节点"，每个节点都应包括两个部分：①用户需要用的实际数据；②下一个节点的地址。可以看出，头指针指向第 1 个元素，第 1 个元素又指向第 2 个元素……最后一个元素不再指向其他元素，它称为"表尾"，它的地址部分放一个 NULL 表示"空地址"，表尾节点不指向任何有用的存储单元，链表到此结束。

链表的每个节点中需要一个指针变量来存放下一节点的地址。结构体变量建立链表最合适，因为一个结构体变量包可以包含多种类型的成员，如数值型、字符型、数组型、指针型。而一个指针型成员就可以用来存放下一个节点的地址。例如：

```
struct Student                    //定义了一个结构体类型用来保存每个节点的信息
{
  int num;
  float score;
  struct Student * next;          //定义了一个保存下一个节点(结构体变量)地址的指针变量
};
```

2. 简单的静态链表

简单的静态链表中的所有节点都是在程序中定义的，不是临时开辟的，也不能用完后

释放。

3. 建立动态链表

建立动态链表是在程序执行过程中从无到有地建立起一个链表，即一个一个地开辟节点和输入各节点数据，并建立起前后相链接的关系。

4. 对链表的操作

对链表的操作有链表的输出、节点的删除和节点的插入等。链表的输出是指将链表中各节点的数据依次输出。

例 9-5 建立一个链表，保存 n 名学生的信息：学号、成绩；编写两个函数，分别实现建立链表和输出链表每个节点的信息这两个功能；编写主函数，实现对 n 个学生信息从键盘输入，建立链表，在屏幕显示每个学生的信息。

编写程序(e9-5.c)：

```
#include <stdio.h>
#include <malloc.h>
#define LEN sizeof(struct student)
struct student
{
  long num;
  float score;
  struct student *next;
};
int n;
struct student *creat()                          //建立链表的函数
{
  struct student *head;
  struct student *p1, *p2;
  n=0;
  p1=p2=( struct student*) malloc(LEN);
  scanf("%ld,%f",&p1->num,&p1->score);           //从键盘输入两个数据并用逗号分隔
  head=NULL;
  while(p1->num!=0)                              //结束的标志是一个输入学生的学号是 0
  { n=n+1;
    if(n==1)head=p1;
    else p2->next=p1;
    p2=p1;
    p1=(struct student*)malloc(LEN);
    scanf("%ld,%f",&p1->num,&p1->score);
  }
  p2->next=NULL;
  return(head);
}
void print(struct student *head)                 //输出链表节点信息的函数
```

```
{
  struct student * p;
  printf("\nNow, these %d records are:\n",n);
  p=head;
  if(head!=NULL)
    do{
        printf("%ld %5.1f\n",p->num,p->score);
        p=p->next;
    }while(p!=NULL);
}
int main()
{
  struct student * head;
  head=creat();
  print(head);
  return 0;
}
```

运行结果如下：

```
1,56
2,78
3,99
4,100
5,99
0,0

Now, these 5 records are:
1   56.0
2   78.0
3   99.0
4  100.0
5   99.0
```

9.6　共　用　体

9.6.1　共用体类型的定义和赋值

使几个不同的变量共享同一段内存的结构，称为共用体类型的结构。像结构体一样，共用体（union）也是由一个或多个成员构成的，而且这些成员可能具有不同的类型。但不同的是，编译器只为共用体中最大的成员分配足够的内存空间，而共用体的所有成员在这个空间内彼此覆盖，这样如果给一个成员赋新值，就会取代其他成员的原有值。

定义共用体类型变量的一般形式如下：

```
union 共用体名称
{
  成员列表
}变量列表;
```

定义共用体变量的方法与结构体类似。例如，下列代码定义一个共用体类型 Data 及其变量 u。

```
union Data
{
  int i;
  double d;
} u;
```

或

```
union Data
{
  int i;
  double d;
}
union Data u;
```

表面上看，共用体的定义方式非常类似于结构体的定义方式，但事实上，结构体变量和共用体变量有一处不同：结构体变量的成员存储在不同的内存地址中，而共用体变量的成员存储在同一内存地址中。

共用体的初始化方式有两种：①只有共用体的第一个成员可以获得初始值；②对共用体变量的一个成员(不一定是第一个成员)用指定初始化式进行初始化。

例如，可以用下列方式初始化共用体 U 的成员 i 为 0。

```
union Data
{
  int i;
  double d;
} u1= {0};                              //正确
union Data u2={20, 10.0};               //错误,不能初始化所有成员
union Data u3={.d=10.0};                //对一个成员指定初始化式合法
```

注意：*花括号是必需的，且花括号内的表达式必须是常量。*

9.6.2 共用体的引用

只有先定义了共用体变量才能引用它。但应注意，不能引用共用体变量，而只能引用共用体变量中的成员。例如，前面定义了 u1、u2 为共用体 Data 的变量，则 u1. i、u2.d、u3.i 等引用方式是正确的。

注意：不能只引用共用体变量。例如，下面的引用是错误的。

```
printf("%d", u1);
```

9.6.3　共用体的特点

(1) 共用体变量中起作用的成员是最后一次被赋值的成员，在对共用体变量中的一个成员赋值后，原有变量存储单元中的值就取代。例如，执行以下的赋值语句。

```
union Data
{
  int i;
  double d;
};
union Data u.i=20;
u.d=10.0;
```

完成上述语句后，共用体变量 u 的存储单元存放的是最后一次存入的 10.0，原来的 20 被覆盖了，因而在引用共用体变量时，应十分注意当前存放在共用体变量中的究竟是哪个成员的值。

(2) 共用体变量的地址和它的各成员的地址都是同一地址。例如，&u.i 与 &u.d 的值相同。

(3) 不能对共用体变量名赋值，也不能引用变量名来得到一个值。例如，下面的语句不合法。

```
union Data
{
  int i;
  double d;
};
union Data u=20;            //不能给一个共用体变量赋值
int m;
m=u;   //不能企图引用共用体变量名得到一个值并赋值给一个整型(或相同共用体之外的类型)的变量。
```

(4) 相同类型的共用体变量之间互相赋值是合法的。例如：

```
union Data
{
  int i;
  double d;
} u1, u2;
u1.i=10;
u2=u1;                        //相同类型的共用体变量之间互相赋值合法
```

(5) C99 允许用共用体变量作为函数参数。

(6) 共用体类型可以出现在结构体类型定义中，也可以定义共用体数组。反之，结构体也可以出现在共用体类型定义中,数组也可以作为共用体的成员。

例 9-6 要求从键盘输入且从屏幕显示包括学生和教师的人员信息。学生信息包括姓名、号码、性别、职业、班级,教师信息包括姓名、号码、性别、职业、职务。

分析:学生和教师的信息项目大部分是相同的,但有一项不同,即学生的第 5 项是 class(班),而教师的第 5 项是 position(职务),故用共用体来处理第 5 项,即将 class 和 position 放在同一段存储单元中。

编写程序(e9-6.c):

```
#include <stdio.h>
struct
{
  int num;
  char name[10];
  char sex;
  char job;
  union
  {
    int clas;
    char position[10];
  }category;
}person[2];
int main()
{
  int i;
  for(i=0;i<2;i++)
  {
    printf("Please enter the data of person:\n");
    scanf ("%d %s %c %c", &person[i].num, &person[i].name, &person[i].sex,
          &person[i].job);
    if(person[i].job == 's')
      scanf("%d", &person[i].category.clas);
    else if(person[i].job == 't')
      scanf("%s", person[i].category.position);
    else
      printf("Input error!");
  }
  printf("\n");
  printf("No.    name      sex  job  class/position\n");
  for(i=0;i<2;i++)
  {
    if (person[i].job == 's')
      printf ("%-6d%-10s%-4c%-4c%-10d\n",person[i].num, person[i].name,person
            [i].sex, person[i].job, person[i].category.clas);
    else
```

```
        printf ("%-6d%-10s%-4c%-4c%-10s\n",person[i].num, person[i].name,person
                [i].sex, person[i].job, person[i].category.position);
    }
    return 0;
}
```

运行结果如下：

```
Please enter thedata of person:
1 Zhang F s 201
Please enter the data of person:
2 Sun M t prof

No.    name      sex  job  class/position
1      Zhang      F    s    201
2      Sun        M    t    prof
```

9.7　枚　　举

枚举(enumeration)可以用来定义一个变量只有几种可能的值的数据类型,数据可能的值由定义该枚举类型的程序员一一列举出来,这样变量的值只限于列举出来的值的范围内。

定义枚举类型的一般形式为：

```
enum [枚举名称]{枚举元素列表};
```

其中,枚举名称的命名遵循标识符命名规则。例如：

```
enum Weekday{sun,mon,tue, wed, thu, fri, sat};
```

以上代码声明了一个名为 Weekday 的枚举类型,花括号中的 sun、mon、tue、wed、thu、fri、sat 称为枚举元素或枚举常量,它们是用户指定的值。枚举常量是由程序设计者命名的,用什么名字代表什么含义,完全由程序员根据自己的需要而定,并在程序中作相应处理。这样,就可以用此类型来定义变量。例如：

```
enum Weekday workday, weekend;
```

以上代码用枚举类型 Weekday 定义了两个该类型的变量 workday 和 weekend。

枚举变量与其他数值型变量不同之处是：它们的值只限于定义时指定的值之一。例如,枚举变量 workday 和 weekend 的值只能是前面例子中花括号中的值之一。

```
workday= mon;             //正确,mon 是指定的枚举常量之一
weekend= sun;             //正确,sunon 是指定的枚举常量之一
weekday= monday;          //不正确,monday 不是指定的枚举常量之一
```

也可以不定义有名称的枚举类型,而直接定义枚举变量,例如,下面的定义方式合法。

```
enum{sun, mon, tue, wed, thu, fri, sat} workday, weekend;
```

枚举类型有以下特性。

(1) 枚举类型的枚举元素是常量,不要因为是名字一样的标识符就把它们看作变量,且不能对它们赋值。例如:

```
sun=0; mon=1;              //错误,不能对枚举元素赋值
```

(2) 每一个枚举元素都代表一个整数,C语言编译器按定义时的顺序,默认为它们的值分别为0,1,2,3,4,5,…。例如,上例中,sun的值为0,mon的值为1……sat的值为6。以下的两个赋值语句等价。

```
workday=mon;
```

或

```
workday=1;
```

因而,也可以人为地指定枚举元素的数值,在定义枚举类型时显式地指定。例如:

```
enum Weekday{sun=7, mon=1, tue,wed, thu, fri, sat}workday,weekend;
```

上面的语句指定枚举常量sun的值为7,mon为1。后面按顺序各加1,直至sat为6。

(3) 枚举元素可以用来作判断比较。例如:

```
if(workday==mon)...
if(workday>sun)...
```

枚举元素的比较规则是按其在初始化时指定的整数来进行比较的。如果定义时未人为指定,则按上面的默认规则处理,即第1个枚举元素的值为0,因而使用默认规则的如下定义中,枚举常量的比较结果为mon>sun、wed>tue、sat>fri。

```
enum Weekday{sun,mon,tue, wed, thu, fri, sat};
```

实　验

1. 实验目的

(1) 掌握结构体类型变量的定义和使用。
(2) 掌握结构体类型数组的概念和应用。
(3) 了解链表的概念和操作方法。

2. 实验要求

(1) 使用用户自定义数据类型编写程序。
(2) 输入源程序并运行程序。
(3) 调试程序,直至运行结果正确为止。

3. 实验内容

(1) 用结构体数据类型进行编程：有 N 个学生，每个学生的数据包括学号、姓名、3 门课程的成绩。从键盘输入 N 个学生的数据，计算每个学生 3 门课程的总平均成绩以及最高分的学生的数据(包括学号、姓名、3 门课程的成绩及其总平均分数)，然后在屏幕上输出数据。

(2) 建立一个链表，每个节点的信息有学号、姓名、性别、年龄。输入一个年龄，如果链表中的节点所包含的年龄等于此年龄，则将此节点删去。

本实验答案

练　　习

1. 简答题

(1) 结构体与数组的不同之处有哪些？

(2) 举例说明如何定义结构体类型和结构体类型的变量。

(3) 结构体变量和共用体变量的相同和不同之处是什么？

(4) 定义枚举类型的方法有哪些？

2. 编程题

(1) 定义一个结构体变量(包括年、月、日)，计算该日在本年中是第几天，注意闰年问题。

(2) 20 个人围成一圈，从第 1 个人开始顺序报号 1、2、3，凡报到 3 的人退出圈子，然后找出最后留在圈子中的人原来的序号。要求用链表实现。

(3) 有 a、b 两个链表，每个链表中的节点包括学号、成绩。编写程序，把两个链表合并为一个链表，且新链表中的节点按学号升序排列。

本练习答案

第 10 章　文件及其操作

本章学习要点：

(1) C 文件的几个基本概念。

(2) 如何打开和关闭文件。

(3) 顺序读/写数据文件的方法。

(4) 随机读/写数据文件的方法。

(5) 文件读/写出错检测的方法。

10.1　C 文件概述

10.1.1　文件的概念

程序设计中我们用到的文件类型主要为以下两种。

(1) 程序文件。程序文件的内容是程序代码，如源程序文件(后缀为.c 或.cpp)、目标文件(后缀为.obj)、可执行文件(后缀为.exe)等。

(2) 数据文件。数据文件的内容是程序运行时读和写的数据，如程序运行过程中从磁盘输入或输出到磁盘的数据(或其他外部设备)。

前面章节的代码都是针对程序文件的，所操作的数据基本是通过标准输入和输出操作的，即从键盘输入数据并保存到内存中进行操作，输出数据是将内存的数据输送到屏幕上显示出来。而除了从键盘输入数据和在屏幕上显示数据以外，实际上我们还可以直接从磁盘或其他外部设备输入数据至计算机内存中供程序代码进行操作，或从计算机内存输出数据至磁盘或其他外部设备上。本章介绍的就是针对这种数据文件的操作方式。

由于一批批的数据是以文件的形式存放在外部设备(如磁盘)上的，因而我们称存储在外部设备上的数据的集合为数据文件(本章中简称为文件)。操作系统也是以文件为单位对数据进行管理的，即输入的数据要先存储到外部设备的数据文件上，然后通过运行源程序并找到指定的数据文件，再读入数据；输出的数据要先在外部设备上建立一个文件，然后通过运行源程序将数据写入该文件。

可以看出，数据输入/输出的过程像流水一样从一处流向另一处，因而我们将输入/输出称为流(stream)，表示数据在外部设备和内存之间的流动。

C 程序的数据文件由一连串二进制字符(或字节)组成，对文件的存取以字符(字节)为单位。输入/输出数据流的开始和结束仅受程序控制，而不受物理符号(如回车换行符)

控制。

注意：输入/输出(读/写)是针对内存而言的，输入(读)是指从设备输入(读)至内存，输出(写)是指从内存输出(写)至设备。

10.1.2　文件名

每个文件都有一个唯一的文件标识。文件标识包括三部分：文件路径、文件名、文件后缀。文件路径表示文件在外部设备中的存储路径和位置。文件名的命名规则遵循 C 语言标识符命名规则。文件后缀表示文件的性质。例如，Word 文件的后缀是.doc 或.docx，文本文件的后缀是.txt，数据文件的后缀是.dat，C 语言源程序文件的后缀是.c，C++ 源程序文件的后缀是.cpp，目标文件的后缀是.obj，可执行文件的后缀是.exe，等等。

10.1.3　文件的分类

根据数据的组织形式，数据文件可分为 ASCII 文件和二进制文件两类。ASCII 文件又称文本文件(text file)，是以 ASCII 码的形式存储数据，每个字符的 ASCII 代码占用一个字节。二进制文件是以二进制的形式存储数据。

10.1.4　文件缓冲区

系统处理数据文件的时候，自动在内存为程序的每一个正在使用的文件开辟一个文件缓冲区，在内存和外部设备之间输入/输出数据时，都先将数据放入缓冲区内，随后再进一步输入内存或输出至外部设备，这样能缓解计算机设备之间速度不匹配的矛盾。

10.1.5　文件类型指针

缓冲文件系统中，关键的概念是“文件类型指针”，简称“文件指针”。每个被使用的文件都在内存中开辟一个相应的文件信息区，用来存放文件的有关信息(如文件的名字、文件状态及文件当前位置等)。这些信息是保存在一个结构体变量中的。该结构体类型是由系统声明的，取名为 FILE。

声明 FILE 结构体类型的信息包含在头文件 stdio.h 中。每一个 FILE 类型变量对应一个文件的信息区，在其中存放该文件的有关信息。一般不通过对 FILE 类型命名变量来引用这些变量，而是设置一个指向 FILE 类型变量的指针变量，然后通过它来引用这些 FILE 类型变量，这样使用起来方便。例如，定义一个指向文件型数据的指针变量。

```
FILE * fp;
```

其中，fp 是一个指向 FILE 类型数据的指针变量，使 fp 指向某一个文件的文件信息区(是一个结构体变量)，通过该文件信息区中的信息就能够访问该文件，即通过文件指针变量能够找到与它关联的文件。如果有 n 个文件，应设 n 个指针变量，分别指向 n 个 FILE 类型变量,以实现对 n 个文件的访问。我们将这种指向文件信息区的指针变量简称为指向文件的指针变量。

注意：指向文件的指针变量并不是指向外部介质上的数据文件的开头,而是指向内存中的文件信息区的开头。

10.2 打开与关闭文件

10.2.1 用 fopen 函数打开数据文件

对文件读/写之前应该打开该文件,在使用结束之后应关闭该文件。打开文件一般都指定一个指针变量指向为该文件建立相应的信息区(用来存放有关文件的信息)和文件缓冲区(用来暂时存放输入/输出的数据),这样就可以通过该指针变量对文件进行读/写了。ANSI C 规定了用标准输入/输出函数 fopen 来实现打开文件的功能。

fopen 函数的调用方式为：

```
fopen (文件名, 使用文件方式);
```

例如：

```
FILE * fp;                //定义一个指向文件的指针变量 fp
fp= fopen("a1", "r");     //将 fopen 函数的返回值赋给指针变量 fp
```

其中,a1 为要打开的文件名字,r 表示使用文件方式为“读入”(r 为 read 的缩写)。fopen 函数的返回值是指向 a1 文件的指针(即 a1 文件信息区的起始地址),通常将 fopen 函数的返回值赋给一个指向文件的指针变量。文件的几种使用方式如表 10-1 所示。

表 10-1 文件的使用方式

文件使用方式	含　义	如果指定的文件不存在
r	只读。为了输入数据,打开一个已经存在的数据文件	出错
w	只写。为了输出数据,打开一个数据文件	建立一个新文件
a	追加。向数据文件末尾添加数据	出错
rb	只读。为了输入数据,打开一个二进制数据文件	出错
wb	只写。为了输出数据,打开一个二进制数据文件	建立一个新文件
ab	追加。向一个二进制数据文件末尾添加数据	出错
r+	读/写。为了读和写,打开一个数据文件	出错
w+	读/写。为了读和写,建立一个新的数据文件	建立一个新文件
a+	读/写。为了读和写,打开一个数据文件	出错
rb+	读/写。为了读和写,打开一个二进制数据文件	出错
wb+	读/写。为了读和写,建立一个新的二进制数据文件	建立一个新文件
ab+	读/写。为了读和写,打开一个二进制数据文件	出错

注意：

(1) r 方式只能用于打开的文件，即向计算机的输入，而不能用作向该文件输出数据，这就要求该文件已经存在并存有数据。不能用 r 方式打开一个并不存在的文件，否则会出错。

(2) w 方式只能用于输出文件，即向某文件写数据，而不能用来向计算机输入。如果原来不存在该文件，则系统会先建立一个对应名称的文件，然后往该文件写数据。如果原来已经存在该文件，则系统会在打开文件前先将该文件删除，然后重新建立一个该名称的文件，再往上写数据。

(3) a 方式将向相应文件的末尾添加新的数据，而不会删除原有数据，所以这种用法需要先确保该文件已存在，否则将得到出错信息。

(4) r+、w+、a+方式打开的文件既可用来输入数据，也可用来输出数据。用 r+方式时该文件应该已经存在，以便计算机从中读数据。用 w+方式系统则会新建立一个文件，先向此文件写数据，然后可以读此文件中的数据。用 a+方式将在原来的文件末尾进行写或读的操作。

(5) 如果使用 fopen 函数出错，出错原因有可能为用 r 方式打开一个并不存在的文件，或者磁盘出故障，或者磁盘已满而无法建立新文件等。常用的打开文件的方式为：

```
if ((fp=fopen("filel", "r")) ==NULL)
{
  printf("Cannot open this file\n'");
  exit(0);
}
```

该段代码表示先检查打开文件的操作有否出错，如果有错就在屏幕上输出 Cannot open this file(无法打开该文件)。exit 函数的作用是关闭所有文件，终止正在执行的程序，待用户检查出错误，修改后重新运行。

(6) 表 10-1 所列的是 C 标准建议使用的打开文件方式，实际应用中，需要根据所用的具体的 C 编译系统的要求确定。

(7) 计算机从 ASCII 文件读入字符时，遇到回车换行符时，系统先把它转换为一个换行符，在输出时再把换行符转换成为回车和换行两个字符。在用二进制文件时不进行这种转换，在内存中的数据形式与输出到外部文件中的数据形式完全一致。

10.2.2　用 fclose 函数关闭数据文件

在使用完一个文件后应该关闭它，以防止被误用。所谓“关闭”，是指撤销文件信息区和文件缓冲区，使文件指针变量不再指向该文件，显然就无法进行对文件的读/写操作了。如果再次打开该文件，则需要重新定义指向该文件的指针。关闭文件用 fclose 函数，fclose 函数调用的一般形式如下：

```
fclose(文件指针);
```

例如：

```
fclose (fp);
```

因为在用 fopen 函数打开文件时，fopen 函数返回的指针赋值给了 fp，所以现在要把 fp 指针关闭，此后 fp 不再指向该文件。fclose 函数也带回一个返回值，当成功地执行了关闭操作时，返回值为 0；否则返回文件结束标志 EOF(即－1)。

注意：要养成在程序终止之前关闭所有文件的习惯，因为不关闭文件有可能会丢失数据。

10.3 顺序读/写数据文件

打开文件之后就可以对文件进行读/写操作了。顺序读/写文件是指对文件的读/写数据顺序和数据在文件中的物理顺序是一致的，即顺序读文件是先读文件中前面的数据，后读文件中后面的数据。顺序读/写需要用库函数实现；顺序写文件是先写入的数据存放在文件前面的位置，后写入的数据存放在文件中后面的位置。

10.3.1 向文件读/写字符

向文件读/写一个字符的函数如表 10-2 所示。

表 10-2 向文件读/写字符的函数

函数名	调用形式	功　能	返 回 值
fgetc	fgetc(fp)	从 fp 指向的文件读一个字符	读成功，带回所读的字符；读失败，返回文件结束标志 EOF(即－1)
fputc	fputc(ch, fp)	把字符 ch 写到文件指针变量 fp 指向的文件中	输出成功，返回值即为输出的字符；输出失败，返回 EOF(即－1)

例 10-1 从键盘输入一些字符，逐个把它们送到一个文件中，直到遇到输入字符 $ 为止。

编写程序(e10-1.c)：

```
#include <stdlib.h>
#include <stdio.h>
int main()
{
  FILE * fp;
  char ch,filename[10];
  printf("Enter the file name: ");
  scanf("%s",filename);
  if((fp=fopen(filename,"w"))==NULL)   //打开输出文件并使 fp 指向此文件
  {
    printf("Can't open the file.\n");   //如果打开时出错,就输出打不开的信息
    exit(0);                            //终止程序
  }
```

```
    ch=getchar( );                  //此语句用来接收在执行 scanf 语句时最后输入的回车符
    printf("Enter the string(end of $): ");
    ch=getchar( );                  //接收从键盘输入的第一个字符
    while(ch!='$')                  //当输入$时结束循环
    {
      fputc(ch,fp);                 //向磁盘文件输出一个字符
      putchar(ch);                  //将输出的字符显示在屏幕上
      ch=getchar();                 //再接收从键盘输入的一个字符
    }
    fclose(fp);                     //关闭文件
    putchar(10);                    //向屏幕输出一个换行符,换行符的 ASCII 代码为 10
    return 0;
}
```

运行结果如下：

```
Enter the file name: e10-1.dat
Enter the string(end of $): Let's study c programming.$
Let's study c programming.
```

10.3.2　向文件读/写一个字符串

向文件读/写一个字符串的函数如表 10-3 所示。

表 10-3　向文件读/写一个字符串的函数

函数名	调用形式	功　　能	返　回　值
fgets	fgets(str, n, fp)	从 fp 指向的文件读入一个长度为 n−1 的字符串,存放到字符数组 str 中	读成功,返回地址 str;读失败,返回 NULL
fputs	fputs(str, fp)	把 str 所指向的字符串写到文件指针变量 fp 所指向的文件中	输出成功,返回 0;输出失败,返回非 0 值

函数 fgets 和 fputs 与函数 gets 和 puts 的区别是：gets 和 puts 分别以键盘和屏幕为读/写对象,而 fgets 和 fputs 函数以数据文件作为读/写对象。

例 10-2　从键盘读入 3 个字符串,对它们按字母大小的顺序排序,然后把排好序的字符串送到一个文件中。

编写程序(e10-2.c)：

```
#include <stdio.h>
#include <stdlib.h>
#include <string.h>
int main()
{
  FILE * fp;
  char str[3][10], temp[10];        //str 是用来存放字符串的二维数组,temp 是临时数组
```

```
    int i, j, k, n=3;
    printf("Enter strings:\n");        //提示输入字符串
    for(i=0;i<n;i++)
      gets(str[i]);                    //输入字符串
    for(i=0; i<n-1; i++)               //用选择法对字符串排序
    {
      k=i;
      for(j=i+1; j<n; j++)
        if(strcmp(str[k],str[j])>0)
          k=j;
      if(k!=i)
      {
        strcpy(temp,str[i]);
        strcpy(str[i],str[k]);
        strcpy(str[k],temp);
      }
    }
    if((fp=fopen("e10-2.dat","w"))==NULL)    //打开磁盘文件
    {
      printf("Can't open file!\n");
      exit(0);
    }
    printf("\nThe new sequence:\n");
    for(i=0;i<n;i++)
    {
      fputs(str[i],fp);
      fputs("\n",fp);
      printf("%s\n",str[i]);                 //在屏幕上显示字符串
    }
    return 0;
}
```

运行结果如下：

```
Enter strings:
women
girl
boy

The new sequence:
boy
girl
women
```

10.3.3 用格式化的方式读/写文件

与 printf 函数和 scanf 函数对不同类型的变量进行格式化输入/输出类似，使用 fprintf 函数和 fscanf 函数可以对文件进行格式化输入/输出，它们的一般调用方式为：

```
fprintf (文件指针, 格式字符串, 输出表到);
fscanf (文件指针, 格式字符串, 输入表到);
```

例如：

```
fprintf (fp, "%d,%6.2f", i, f);
```

它的作用是将 int 型变量 i 和 float 型变量 f 的值按%cd 和%6.2f 的格式输出到 fp 指向的文件中。若 i=3 及 f=4.5，则输出到磁盘文件上的是以下的字符。

```
3,  4.50
```

用以下 fscanf 函数可以从磁盘文件上读入 ASCII 字符。

```
fscanf (fp, "%d,%f", &i, &f);
```

磁盘文件上如果有字符“3,4.5”，则从磁盘文件中读取整数 3 送给整型变量 i，读取实数 4.5 送给 float 型变量 f。

用 fprintf 和 fscanf 函数对磁盘文件读/写，使用方便，容易理解。但由于在输入时要将文件中的 ASCII 码转换为二进制形式并保存到内存变量中，在输出时又要将内存中的二进制形式转换成字符，要花费较多时间。因此，在内存与磁盘频繁交换数据的情况下，最好不用 fprintf 和 fscanf 函数，而用下面介绍的 fread 和 fwrite 函数进行二进制的读/写。

10.3.4 用二进制方式读/写文件

在程序中不仅需要一次输入/输出一个数据，而且常常需要一次输入/输出一组数据(如数组或结构体变量的值)。C 语言允许用 fread 函数从文件中读一个数据块，用 fwrite 函数向文件写一个数据块。在读/写时是以二进制形式进行的。在向磁盘写数据时，直接将内存中一组数据原封不动且不加转换地复制到磁盘文件上，在读入时也是将磁盘文件中若干字节的内容一起读入内存。它们的一般调用形式如下：

```
fread(buffer,size, count,fp);
fwrite(buffer,size, count, fp);
```

其中，buffer 是一个地址。对于 fread 来说，它是用来存放从文件读入数据存储区的地址。对于 fwrite 来说，是要把此地址开始的存储区中的数据向文件输出(以上指的是起始地址)。size 是要读/写的字节数。count 是要读/写多少个数据项(每个数据项长度为 size)。fp 是 FILE 类型指针变量。例如：

```
fread(f ,4, 10, fp);
```

其中,f是一个float型数组名(代表数组首元素地址)。这个函数从fp所指向的文件读入10个4字节的数据,存储到数组f中。

例10-3 从键盘输入5个学生的姓名、学号、年龄、房间号,把它们写到一个文件上。

编写程序(e10-3.c):

```
#include <stdio.h>
#define SIZE 5
struct student_type
{
  char name[10];
  int num;
  int age;
  char addr[15];
}stud[SIZE];                          //定义全局结构体数组stud,包含10个学生数据
void save()                           //定义函数save,向文件输出SIZE个学生的数据
{
  FILE * fp;
  int i;
  if((fp=fopen ("e10-3.dat","wb"))==NULL)     //打开输出文件e10-3.dat
  {
    printf("Cannot open file\n");
    return;
  }
  for(i=0;i<SIZE;i++)
    if(fwrite (&stud[i],sizeof (struct student_type),1,fp)!=1)
      printf ("File write error\n");
  fclose(fp);
}
int main()
{
  int i;
  printf("Please enter data of students:\n");
  for(i=0;i<SIZE;i++)                 //输入SIZE个学生的数据,存放在数组stud中
    scanf("%s%d%d%s",stud[i].name,&stud[i].num,&stud[i].age,stud[i].addr);
  save();
  return 0;
}
```

运行结果如下:

```
Please enter data of students:
Zhang 20220101 19 r1
Wang 20220102 19 r2
Li 20220103 18 r3
Zhao 20220104 18 r4
Qian 20220105 20 r5
```

10.4　随机读/写数据文件

随机访问不是按数据在文件中的物理位置顺序进行读/写，而是可以对任何位置上的数据进行访问，显然这种方法比顺序访问效率高得多。随机读/写可以根据读/写的需要，人为地移动文件位置标记的位置。文件位置标记可以向前移或向后移，可以移到文件头或文件尾，然后对该位置进行读/写，显然这就不是顺序读/写了。

强制使文件位置标记指向人们指定的位置，可以用以下函数实现。

(1) 用 rewind 函数使文件位置标记指向文件开头。rewind 函数的作用是使文件位置标记重新返回文件的开头，此函数没有返回值。

例 10-4　将一个文件的信息显示在屏幕上，并且复制到另一文件中。

编写程序(e10-4.c)：

```
#include <stdio.h>
int main()
{
  FILE * fp1, * fp2;
  fp1=fopen("e10-4-in.dat","r");          //打开输入文件
  fp2=fopen("e10-4-out.dat","w");         //打开输出文件
  while(!feof(fp1))
    putchar(fgetc(fp1));                   //逐个读入字符并输出到屏幕上
  putchar(10);                             //输出一个换行符
  rewind(fp1);                             //使文件位置指示器返回文件头
  while(!feof(fp1))
    fputc(fgetc(fp1),fp2);     //从文件头重新逐个读字符,输出到 e10-4-out.dat 文件中
  fclose(fp1);
  fclose(fp2);
  return 0;
}
```

运行结果如下：

```
Let's study C programming.
```

(2) 用 fseek 函数改变文件位置标记。fseek 函数的调用形式为：

```
fseek (文件类型指针, 位移量, 起始点);
```

其中，起始点用 0、1 或 2 代替，0 代表文件开始位置，1 为当前位置，2 为文件末尾位置。位移量指以起始点为基点，向前移动的字节数。位移量应是 long 型数据(在数字的末尾加一个字母 L，就表示是 long 型)。

fseek 函数一般用于二进制文件。下面是 fseek 函数调用的几个例子。

```
fseek (fp, 100L,0);                   //将文件位置标记向前移到离文件开头 100 字节处
fseek (fp,50L,1);                     //将文件位置标记向前移到离当前位置 50 字节处
fseek (fp, -10L, 2);                  //将文件位置标记从文件末尾处向后退 10 字节
```

(3) 用 ftell 函数测定文件位置标记的当前位置。ftell 函数的作用是得到流式文件中文件位置标记的当前位置。由于文件中的文件位置标记经常移动,人们往往不容易知道其当前位置,所以常用 ftell 函数得到当前位置,用相对于文件开头的位移量来表示。如果调用函数时出错(如不存在 fp 指向的文件),ftell 函数返回值为−1L。例如:

```
i=ftell(fp);                          //变量 i 存放文件的当前位置
if(i==-1L)  printf("error\n");        //如果调用函数时出错,输出 error
```

10.5 文件读/写的出错检测

C 语言提供一些函数来检查输入/输出函数操作时可能出现的错误。

1. ferror 函数

在调用各种输入/输出函数(如 putc、getc、fread、fwrite 等)时如果出现错误,除了函数返回值有所反映外,还可以用 ferror 函数检查。它的一般调用形式为:

```
ferror(fp);
```

如果 ferror 返回值为 0(假),表示未出错;如果返回一个非零值,表示出错。

注意:

(1) 对同一个文件每一次调用输入/输出函数,都会产生一个新的 ferror 函数值,因此,应当在调用一个输入/输出函数后立即检查 ferror 函数的值,否则信息会丢失。

(2) 在执行 fopen 函数时,ferror 函数的初始值自动置为 0。

2. clearerr 函数

clearerr 函数的作用是使文件错误标志和文件结束标志置为 0。假设在调用一个输入/输出函数时出现错误,ferror 函数值为一个非零值。应该立即调用 clearerr(fp),使 ferror(fp)的值变成 0,以便再进行下一次的检测。只要出现文件读/写错误标志,它就一直保留,直到对同一文件调用 clearerr 函数或 rewind 函数,或任何其他一个输入/输出函数。

实　　验

1. 实验目的

(1) 了解文件和文件指针的概念。

(2) 学会使用文件操作函数实现对文件打开、关闭及读/写等操作。

(3) 学会对数据文件进行简单的操作。

2. 实验要求

(1) 编写程序并使用文件输入/输出程序数据。

(2) 输入源程序并运行程序。

(3) 调试程序直至运行结果正确为止。

3. 实验内容

(1) 有 5 个学生,每个学生有 3 门课的成绩,从键盘输入以上数据(包括学号、姓名、3 门课成绩),计算出平均成绩。先将数据和计算出的平均分数写入文件 s10.dat 中,然后再从文件 s10.dat 读出所有数据并显示到屏幕上。设 5 名学生的学号、姓名和 3 门课成绩如下:

```
20220101  Wang  90, 89, 92
20220102  Li    88, 92, 86
20220103  Sun   89, 87, 79
20220104  Ling  67, 72, 75
20220105  Yuan  52, 56, 58
```

(2) 将第 1 题 s10-1.dat 文件中的学生数据按平均分进行从高到低排序,然后将排好序的学生数据存入另一个文件 s10-2.dat 中,同时将数据在屏幕上显示。

(3) 将第 2 题已排序的学生成绩文件 s10-2.dat 按平均分的高低插入一个学生的数据,即程序从键盘输入新插入学生的数据,然后计算新插入学生的平均成绩,再将插入后的学生数据写入新文件 s10-3.dat,并且将新文件 s10-3.dat 的数据在屏幕上显示。要插入的学生数据如下:

```
20220106  Huang  78, 82, 83
```

本实验答案

练　　习

1. 简答题

(1) 什么是文件型指针?通过文件指针访问文件有什么好处?

(2) 对文件的打开与关闭的含义是什么?为什么要打开和关闭文件?

2. 编程题

（1）从键盘输入一个英文字母字符串，输入的字符串以“%”结束。将其中的小写字母全部转换成大写字母后，将结果输出到一个 lx10-1.dat 文件中。

（2）有两个文件 lx10-2-1.dat 和 lx10-2-2.dat，各存放一行英文字母。要求把这两个文件中的字母合并且按字母顺序排列后，输出到另一个文件 lx10-2-3.dat 中，并且将三个文件的内容在屏幕上显示。

（3）从键盘输入若干字符后，把它们存储到文件 lx10-3.dat 中。然后从该文件中读出这些字符，将其中的小写字母转换成大写字母后，在显示屏上输出。

本练习答案

第 11 章　底层程序设计

本章学习要点：

(1) 移位运算符。

(2) 按位求反，按位与，按位异或，按位或。

前几章讨论了 C 语言中高级的、与机器无关的特性，本章介绍 C 语言与机器层相关的位操作。位操作和其他一些底层运算在编写系统程序(如编译器和操作系统等)、加密程序、图形程序以及其他一些需要高执行速度或高效利用空间的程序时非常有用。本章将介绍 C 语言提供的六种位运算符，即按位求反、向左或向右移位、按位与、按位异或、按位或，如表 11-1 所示。这些运算符可以用于对整数数据的二进制表示进行位运算。

表 11-1　位运算符及其含义

符号	含　义
~	按位求反
<<	左移位
>>	右移位
&	按位与
^	按位异或
|	按位或

1. 按位求反

按位求反运算符是单目运算符，运算结果是对运算符“~”的右操作数的二进制每位求反的值，即 0 变为 1、1 变为 0。例如，设无符号短整型数值占位 16 位。

```
unsigned short j, k;
j =5;                          //j 的二进制为 00000000 00000101
k=~j;                          //k 的二进制为 11111111 11111010，十进制为 65530
```

按位求反运算的用途是可以使底层程序的可移植性更好。例如，我们需要一个整数，其二进制的所有位都是 1，最好的方法是对 0 按位求反，因为这样不会依赖于整数所包含的位的个数。

2. 移位运算符

移位运算符是双目运算符，其左右两个操作数为任意整数类型。运算结果是将整数的二进制向左或向右移动的值,移位后的整数类型与左操作数类型相同。按位左移时,每次从左操作数的二进制表示的最左端丢弃一位,且在最右端补一位0。按位右移时,每次从左操作数的二进制表示的最右端丢弃一位,如果是无符号数或非负值,则左端补0;如果是负值,其补位方式按实际计算机系统的要求决定:有的系统规定左端补0,有的系统规定保留符号位且其他左端补1。例如,设无符号短整型数值占位16位。

```
unsigned short i, k;
i = 3;                          //i的二进制为 00000000 00000011,十进制为3
k = i << 2;                     //k的二进制为 0000000 00001100,十进制为12
p = i >> 2;                     //p的二进制为 00000000 00000000,十进制为0
```

移位运算符的用途是:左移1位相当于原数乘以2,左移n位相当于原数乘以2的n次方。右移1位相当于原数除以2,右移n位相当于原数除以2的n次方。

注意:

(1) 从右移位运算可以看出,不同的机器选择了不同的补位方式,因而为了得到较好的机器可移植性,最好仅对无符号数进行移位运算。

(2) 移位运算后不会改变原操作数的数值。如果想通过移位改变变量,可以使用复合赋值运算符<<=和>>=。例如:

```
i = 3;                          //i的二进制为 00000000 00000011,十进制为3
i <<= 2;                        //i的二进制为 0000000 00001100,十进制为12
i >>= 2;                        //i的二进制为 00000000 00000000,十进制为0
```

(3) 移位运算符的优先级比算术运算符的优先级低。例如,i<<2+1等价于i<<(2+1),而不是(i<<2)+1。

3. 按位与

按位与运算是双目运算,运算结果是左右两个操作数的二进制按位进行逻辑与运算的值,运算规则是:0&0=0,0&1=0,1&0=0,1&1=1。例如,设无符号短整型数值占位16位,示例代码如下:

```
unsigned short i, j, k;
i =3;                           //i的二进制为 00000000 00000011
j =5;                           //j的二进制为 00000000 00000101
k = i & j;                      //k的二进制为 00000000 00000001,十进制为1
```

按位与的用途有以下方面。

(1) 将一个数的某几位清零。原数与一个数按位与运算即可,该数按需要清零的对应位为0及其他位为1的形式而构成。

(2) 取一个数的某些位。原数与一个数相与即可,该数按要取出的对应位为1且其他位为0的形式而构成。

例11-1 对00110110(十进制为54)取前4位,并且后4位清零。

分析:将原数与11110000(十进制为240)按位与即可得到。

编写程序(e11-1.c)：

```
#include <stdio.h>
void main()
{
  int a=54, b=240, c;
  c=a&b;
  printf("a=%d\nb=%d\nc=%d\n",a,b,c);
}
```

运行结果如下：

```
a=54
b=240
c=48
```

例 11-2　取短整数 00000000 00000001(十进制为 1)的低八位。

分析：将原短整数与二进制数 00000000 11111111(十进制为 255)进行按位与运算，即可取出原数的第八位。

编写程序(e11-2.c)：

```
#include <stdio.h>
void main()
{
  short int a=1,b=255,c;
  c=a&b;
  printf("a=%d\nb=%d\nc=%d\n",a,b,c);
}
```

运行结果如下：

```
a=1
b=255
c=1
```

4. 按位异或

按位异或运算是双目运算，运算结果是左右两个操作数的二进制按位进行逻辑异或运算的值，运算规则是：0^0=0,0^1=1,1^0=1,1^1=0。例如，设无符号短整型数值占位 16 位，则示例代码如下：

```
unsigned short i, j, k;
i =3;                              //i 的二进制为 00000000 00000011
j =5;                              //j 的二进制为 00000000 00000101
k = i ^ j;                         //k 的二进制为 00000000 00000110,十进制为 6
```

按位异或的用途有以下方面。

(1) 使一个数的某几位求反、某几位保留。原数与一个数按位异或即可得到,该数按原数需求反的各位为1且需保留的各位为0的形式而构成。

(2) 不用临时变量来交换两个数。通过顺序使用“a=a^b;b=b^a;a=a^b;”语句块,即可将a、b的值互换。

例11-3 对01110001(十进制113)的低四位求反且使高四位保留。

分析:将原数与一个00001111(十进制为15)按位异或即可得到。

编写程序(e11-3.c):

```
#include <stdio.h>
void main()
{
  int a=113, b=15, c;
  c=a^b;
  printf("a=%d\nb=%d\nc=%d\n",a,b,c);
}
```

运行结果如下:

```
a=113
b=15
c=126
```

例11-4 将整数变量a=10、b=20的值互换。

编写程序(e11-4.c):

```
#include <stdio.h>
void main()
{
  int a=10, b=20;
  printf("a=%d, b=%d\n",a,b);
  a=a^b; b=b^a; a=a^b;
  printf("a=%d, b=%d\n",a,b);
}
```

运行结果如下:

```
a=10, b=20
a=20, b=10
```

5. 按位或

按位或运算是双目运算,运算结果是左右两个操作数的二进制按位进行逻辑或运算的值。运算规则是:0|0=0,0|1=1,1|0=1,1|1=1。例如,设无符号短整型数值占位16位,则示例代码如下:

```
unsigned short i, j, k;
i =3;                                //i 的二进制为 00000000 00000011
j =5;                                //j 的二进制为 00000000 00000101
k = i | j;                           //k 的二进制为 00000000 00000111,十进制为 7
```

按位或的用途：将一个整数的某些位指定为 1。将原数与一个数按位或即可，该数按需要变为 1 的位数为 1 且保留原数的位为 0 的形式而构成。

例 11-5　将 01110001(十进制为 113)的低五位变为 1。

分析：将整数与 00011111(十进制为 31)按位或即可。

编写程序(e11-5.c)：

```
#include <stdio.h>
void main()
{
  int a=, b=31, c;
  scanf("%d", &a);
  c=a|b;
  printf("a=%d\nb=%d\nc=%d\n",a,b,c);
}
```

运行结果如下：

```
a=113
b=31
c=127
```

注意：

(1) 由于有符号数的符号位要参与运算，故无符号数和有符号数的运算结果不同。

(2) 不要将位运算符"&"和"|"与逻辑运算符"&&"和"||"相混淆。尽管有时它们的结果会相同，但这两种运算绝不等同。

(3) 六种位运算符的优先级从高到低为："~""<<"或">>""&""^""|"。例如，i&~j|k 等价于(i&(~j))|k，i^j&~k 等价于 i^(j&(~k))。初学者使用括号可以增强程序的阅读性并避免出错。

(4) 运算符"&""^""|"的优先级比关系运算符和判等运算符低。

(5) 与"&""^""|"运算符相对应的复合赋值运算符分别为"&=""|=""^="，其运算顺序是先对两个操作数按位进行操作，然后再将结果赋值给左操作数(因而左操作数为变量)。

实　　验

1. 实验目的

(1) 了解 C 语言底层设计的基本概念。

(2) 学会使用六种位运算符编程。

2. 实验要求

(1) 编写程序并使用六种位运算符。
(2) 输入源程序并运行程序。
(3) 调试程序直至运行结果正确为止。

3. 实验内容

(1) 对一个整数取前 4 位且后 4 位清零。
(2) 取一个短整数的低八位。
(3) 对一个整数的低四位求反且高四位保留。
(4) 将整数变量 a=768 及 b=312 的值互换。
(5) 使一个整数的低五位变为 1。

本实验答案

练　　习

1. 简答题

(1) 六种位运算符的符号和含义各是什么?
(2) 利用六种位运算符编程有哪些用途?

2. 编程题

(1) 编写程序,求十六进制 0x9c6b8957 和 0xff 按位求与的运算结果。
(2) 编写程序,求十六进制 0x6 和 0x8 按位异或的运算结果。
(3) 编写程序,求无符号数 6 按位求反的运算结果。
(4) 编写程序,求无符号数 6 左移 8 位的运算结果。
(5) 编写程序,求十进制 13 和 10 按位求或的运算结果。
(6) 编写程序,求无符号数 1536 右移 9 位的运算结果。

本练习答案

附录 A　ASCII 字符集

ASCII 字符集见附表 A-1。

附表 A-1　ASCII 字符集

十进制码值	十六进制码值	字符	十进制码值	十六进制码值	字符	十进制码值	十六进制码值	字符	十进制码值	十六进制码值	字符
0	00	NUL	32	20		64	40	@	96	60	`
1	01	SOH	33	21	!	65	41	A	97	61	a
2	02	STX	34	22	"	66	42	B	98	62	b
3	03	ETX	35	23	#	67	43	C	99	63	c
4	04	EOT	36	24	$	68	44	D	100	64	d
5	05	ENQ	37	25	%	69	45	E	101	65	e
6	06	ACK	38	26	&	70	46	F	102	66	f
7	07	BEL	39	27	'	71	47	G	103	67	g
8	08	BS	40	28	(	72	48	H	104	68	h
9	09	HT	41	29	)	73	49	I	105	69	i
10	0A	LF	42	2A	*	74	4A	J	106	6A	j
11	0B	VT	43	2B	+	75	4B	K	107	6B	k
12	0C	FF	44	2C	,	76	4C	L	108	6C	l
13	0D	CR	45	2D	-	77	4D	M	109	6D	m
14	0E	SO	46	2E	.	78	4E	N	110	6E	n
15	0F	SI	47	2F	/	79	4F	O	111	6F	o
16	10	DLE	48	30	0	80	50	P	112	70	p
17	11	DC1	49	31	1	81	51	Q	113	71	q
18	12	DC2	50	32	2	82	52	R	114	72	r
19	13	DC3	51	33	3	83	53	S	115	73	s
20	14	DC4	52	34	4	84	54	T	116	74	t
21	15	NAK	53	35	5	85	55	U	117	75	u
22	16	SYN	54	36	6	86	56	V	118	76	v
23	17	ETB	55	37	7	87	57	W	119	77	w
24	18	CAN	56	38	8	88	58	X	120	78	x
25	19	EM	57	39	9	89	59	Y	121	79	y
26	1A	SUB	58	3A	:	90	5A	Z	122	7A	z
27	1B	ESC	59	3B	;	91	5B	[	123	7B	{
28	1C	FS	60	3c	<	92	5c	\	124	7C	|
29	1D	GS	61	3D	=	93	5D	]	125	7D	}
30	1E	RS	62	3E	>	94	SE	^	126	7E	~
31	1F	US	63	3F	?	95	5F	_	127	7F	DEL

附录B　C语言运算符

C语言运算符见附表B-1。

附表 B-1　C语言运算符

优先级	名　称	符　号	操作数个数	结合性
1	数组取下标	[ ]		左结合性
	函数调用	()		
	取结构体和共用体的成员	.　->		
	自增(后缀)	++		
	自减(后缀)	--		
2	自增(前缀)	++	单目	右结合性
	自减(前缀)	--		
	取地址	&		
	指针运算符	*		
	一元正号	+		
	一元负号	-		
	按位求反	~		
	逻辑非	!		
	长度运算符	sizeof		
3	强制类型转换	()	双目	右结合性
4	乘法类运算符	*　/　%	双目	左结合性
5	加法类运算符	+　-	双目	左结合性
6	移位	<<　>>	双目	左结合性
7	关系	< >　<=　>=	双目	左结合性
8	判等	==　!=	双目	左结合性
9	按位与	&	双目	左结合性
10	按位异或	^	双目	左结合性
11	按位或	|	双目	左结合性
12	逻辑与	&&	双目	左结合性

续表

优先级	名　称	符　号	操作数个数	结合性
13	逻辑或	||	双目	左结合性
14	条件	?:	三目	左结合性
15	赋值	=　*=　/=　%=　+=　-=　<<=　>>=　&=　^=　|=	双目	右结合性
16	逗号	,		左结合性

参 考 文 献

[1] 谭浩强. C程序设计[M].5版.北京：清华大学出版社，2017.

[2] 谭浩强. C程序设计(第五版)学习辅导[M].北京：清华大学出版社，2017.

[3] K.N. King. C语言程序设计现代方法[M]. 吕秀锋，黄倩，译. 2版.北京：人民邮电出版社，2010.

[4] 刘志海，等. C程序设计与案例分析[M].北京：清华大学出版社，2014.

[5] 张莉. C程序设计案例教程[M].3版.北京：清华大学出版社，2018.

[6] 钟家民，等. C程序设计[M].北京：清华大学出版社，2016.

[7] Brian W.Kernighan，Dennis M.Ritchie. C程序设计语言[M]. 徐宝文，李志，译. 2版. 北京：机械工业出版社，2007.

[8] Ai Kelley，Ira Pohl.C语言解析教程(原书第4版)[M].麻志毅，译.北京：机械工业出版社，2002.